JN060981

兵役拒否の問い

韓国における反戦平和運動の経験と思索

イ・ヨンソク
森田和樹 訳

以文社

THE QUESTIONS OF CONSCIENTIOUS OBJECTION
By Yongsuk Lee

Japanese translation rights arranged with Maybooks
through Eric Yang Agency, Inc and Tuttle-Mori Agency, Inc.

This book is published with the support of the
Literature Translation Institute of Korea (LTI Korea)

日本語版序文

コロナ禍がはじまる直前の二〇一九年秋、わたしは千葉を訪問した。幕張メッセで開かれる武器博覧会（ＤＳＥＩ）に対する反対運動を組織した千葉県の市民団体と連携して武器博覧会反対集会に参加し、韓国と日本の市民社会が武器博覧会に対する抵抗行動をどのように組織していくことができるのか模索するためだった。その後、すぐコロナ禍に入ってしまったせいで、この集まりをきちんと継続することができなかったのが本当に残念だ。

わたしは、武器博覧会が千葉で開催されるという事実にかなり驚いた。それはおそらく、日本が平和憲法第九条を有しており、公式的には軍隊をもたない国だからであり、また第二次世界大戦の戦犯国として軍事産業の育成を制限していると理解していたからだ。

韓国では、すでに陸・海・空軍に加えて警察までもがそれぞれ独自に主導する武器博覧会が開催されている。そのなかでも、空軍が主導するソウル国際航空宇宙および防衛産業博覧会（以下、ソウルADEX）は、東アジア最大規模の武器博覧会である。わたしが所属する「戦争なき世界」は、隔年で開かれるソウルADEXに反対するアクションを二〇一三年からおこなってきた。平和活動家たちは武器産業が死を取引きする不道徳的で暴力的な産業だと指摘しているが、韓国政府は武器産業の育成が安保を確固たるものにし、武器輸出を通して国益が増加するという立場を取っている。

日本の武器博覧会反対集会は大変興味深かった。反対集会ははじめてだったにもかかわらず、四〇〇人もの人びとが集まった。そして、そのほとんどが千葉県の市民だった。韓国の場合、日本より長く武器博覧会反対行動をやってきたが、四〇〇人も集まったりはしない。公式的には軍隊がない国だから、日本の市民は韓国の市民よりも武器博覧会に一層敏感なのか？　あるいは、反対運動を組織した千葉県の市民団体の力量のおかげなのか？　集会に来ない普通の日本の市民は武器博覧会が開かれ、日本の軍需産業体が武器を製造して輸出することに対し、いったいどのような思いを抱いているのだろうか？

韓国と日本は隣りあう国なので似通った点も非常に多いが、互いに感覚的に理解しがたい点もある。そのうちのひとつが軍隊、徴兵制の有無である。わたしが住んでいる坡州（パジュ）は北朝鮮との境界地域にある都市だが、道端で銃をもった軍人をみかけるのは特別なことではない。だが、万が一日本で道を歩いているときに軍服を着て銃をもった軍人に出くわすならば、大多数の人びとはおそらくびっくりするだろう。

韓国は一部の例外を除いてみんな軍隊にいかなければならない社会だ。有名なアイドルグループのメンバーも、スポーツスターも、二〇歳から四〇歳のあいだに一八ヶ月間軍服務をしなければならない。だが、この「みんな」に含まれない人びともいる。セクシュアルマイノリティは軍隊にいく資格がない。トランスジェンダー軍人だったピョン・ヒス下士は性別適合手術をしたうえで、誇らしい韓国軍人として軍に継続して勤務することを希望したが、国防部は最後まで彼女を軍人として認めなかった。† このように、韓国

【本書の傍注は翻訳注である。以下、訳者による注を「†」、原注を「＊」で表記し、原注は巻末にまとめた】

† トランスジェンダー女性の軍人。二〇一七年に軍に入隊。休暇中に性別適合手術を受けて軍に復帰したが、二〇二〇年一月、軍当局は彼女を強制除隊処分にした。その後、彼女は軍に対して処分を撤回し女性兵士として継続して服務できるよう訴えていたが、二〇二一年三月三日、自宅で遺体がみつかった。

社会は軍隊にいく資格の有無でひとを選り分ける。障害者、セクシュアルマイノリティ、移民、女性は軍隊にいく資格がない二等市民になる。

その反面、良心にしたがって軍隊を拒否する良心的兵役拒否者たちを必死になって軍隊に連行したり、処罰してきたのも韓国の軍隊だった。一九四五年以降、二万人に近い若者たちが戦争に賛成しないという信念のせいで監獄に閉じ込められた。二〇二〇年に代替服務制が導入されたが、懲罰的な性格が強い。

みんなが否応なしにいかなければならないが、だれもがいけるわけではない軍隊、韓国の徴兵制は、軍事安保的な効用より、ある意味では軍事主義を訓育する手段として機能している。強い軍隊だけが安保を守ることができ、強い者（男性、非障害者、異性愛者など）が弱い者（女性、障害者、セクシュアルマイノリティなど）を守るのが平和であり、だから守る者たちは一等市民になり、守られる者は二等市民になるのがあまりにも自然に受け入れられている。

兵役拒否運動は兵役拒否者個々人の良心の自由を守る運動としてはじまったが、それ以降、徴兵制と徴兵制がつくりだしてきた軍事主義に抵抗する運動に拡張してきている。武器博覧会に反対する運動もそのうちのひとつだ。強い武器だけが平和を守り抜くことができるという長いあいだ共有されてきた嘘に対抗し、「強い武器はむしろ平和を破壊し、武器産業が繁盛するにつれて軍事産業体だけが金を儲ける」という事実を暴露する。

韓国と日本は最も近くに位置し、文化的にも経済的にも活発な交流を重ねている国だ。だが、かつての日本による朝鮮侵略と植民地支配、その時代に起こった人権侵害と戦争犯罪のために軍事的交流や軍事協力は活発ではない。わたしは平和のために韓国と日本が協力しなければならないと考えている。それは、韓国政府と日本政府が軍事的協力を増やさなければならないという意味ではない。むしろ、非軍事的かつ平和的な協力を広げていかなければならない。だが、展望は明るくないようだ。

ロシアによるウクライナ侵攻以降、全世界は申し合わせたかのように軍事費を増やし、戦争準備に没頭している。韓国と日本も同様である。ストックホルム国際平和研究所（SIPRI）の発表によれば、二〇二二年、韓国は四六四億ドルの軍事費を支出し全世界九位、日本は前年比五・九パーセント増加した四六〇億ドルで一〇位だった。ロシアとウクライナの戦争は終わっておらず、中国と台湾の国境における対立は以前に増して軍事化され、先鋭化してきている。この隙をみて日本と韓国のタカ派の政治家や武器商人たちは、戦争を通して自分の利益を極大化するのに没頭している。

わたしは戦争が発生するのには、普通の人びとの責任もあると考えている。これは、いいかえれば、戦争を防いだり中断させたり、それが起こらないようにする力も普通の人びとにあるという意味でもある。日本と韓国の市民が平和のための交流と連帯を広げていくことが東アジア地域の軍事的緊張を緩和させる唯一の方法だが、それは困難な方法だとも思う。本書が平和のために非暴力を選択する正義心のある両国の市民たちがつながるために、少しでもその役割を果たすことを願っている。

目次

兵役拒否の問い

平和主義と非暴力。この単語を前にし、首を縦に振りながらも、一方で「本当にそれが可能だろうか？　理想的すぎないか？」と懐疑的になっていたわたしに、本書はわたしとまったく同じ疑念を抱きながらも、決して行動をやめなかった兵役拒否者と平和活動家たちの歴史を聴かせてくれる。かれらの行動には、冷笑を吹き飛ばす力がある。明確な解答を提示するのではなく、明確さという暴力をかき乱す力強い「問い」がつまった本だ。平和に対する渇望と疑心を同時に抱いたあらゆる人びとに本書を勧める。

——キム・チョヨプ『わたしたちが光の速さで進めないなら』著者

小さな市民団体が世界を変えるということを疑うなと強調したのは、アメリカの人類学者マーガレット・ミードだった。兵役拒否によって収監された本書の著者が、仲間たちとともに活動する「戦争なき世界」がなければ、いまだにわたしたちは代替服務制度を社会的に獲得できていなかっただろう。しかし、平和運動において一線を画する成果を得たにもかかわらず、著者はそこにとどまることはできないと述べ、その先に対する問いと自己省察を記録する。市民社会運動がファンダム化、体制内化の傾向に迷い込むなか、「疑いながらも前進せよ！」というスローガンがサパティスタだけのものではないと信じるすべての方々に一読を勧める。

——洪世和（ホン・セファ）『コレアン・ドライバーは、パリで眠らない』著者

プロローグ

八一年間、繰り返されてきた歴史がある。

最初の収監記録以来、約八〇年余りのあいだ、一万九〇〇〇人を超える人びとが監獄に収監された。かれらの罪は兵役拒否、他人を傷つけはしないという信念のせいだった。韓国で公式に確認された兵役拒否による最初の収監の記録は、一九三九年である。

一九三九年、帝国日本は日本列島と朝鮮半島のエホバの証人[†1]の信者を全員捕えた。日本でエホバの証人の信者が徴兵を拒否したのを契機に、この宗教を不純勢力とみなしたのである。宗教的な信念にしたがい神社参拝を拒否していた朝鮮のエホバの証人の信者たちは、不敬罪という名目で全員連行された。当時、エホバの証人の信者の朝鮮人は五〇人にも満たなかったにもかかわらず、合計六六人が拘束、収監されたところをみると、エホバの証人の信者のみならず、共に聖書の勉強をしていた人びとまでまとめて連行したといっても過言ではない。この事件は「灯台社事件」とも呼ばれ、韓国政府が編纂した『韓民族独立運動史資料集』にも収録されている。

厳密にいえば、当時のエホバの証人の朝鮮人信者たちを兵役拒否者とみることはできないかもしれない。だが、帝国日本がエホバの証人を不純勢力とみなし、弾圧しはじめるきっかけになったのが兵役問題であり、たとえ一九三九年に朝鮮のエホバの証人の信者たちが収監されていなかったとしても、結局、徴兵制が施行された一九四四年[†2]に兵役拒否によって拘束されていただろう。したがって、一般的に帝国日本の植民地時代のエホバの証人たちを韓国における兵役拒否の始発点とみている。

解放以降にもエホバの証人の信者たちは、宗教的信念にもとづく兵役拒否を継承していった。朝鮮戦争のときも、信者たちは南北を問わず兵役を拒否した。ノ・ビョンイルは朝鮮戦争当時、人民軍の徴集を拒否し、銃殺の危機に陥りながらも、最後まで宗教的良心を放棄しなかった。韓国軍の徴集を拒否したパク・ジョンイルは、一九五三年、朝鮮戦争が終わったあと、兵役拒否により裁判で懲役三年の刑を宣告された。

クーデターによって権力を掌握した朴正熙（パク・チョンヒ）政権時代にも兵役拒否者たちは引きつづき監獄に送られた。民主主義と人権が蹂躙され、韓国が兵営国家に生まれ変わった維新時代[†3]（一九七二―一九八〇年）は、兵役拒否者にとって特に苛酷な時代だった。一九七四年当時、朴正熙大統領は兵務庁に徴集率一〇〇パーセントを達成するよう指示し、兵務

【「日本語版序文」でも示したとおり、本書の傍注は翻訳注である。訳者による注を†1、†2……と表記し、原書の注は＊1、＊2……とし、巻末にまとめた】

†1　一九世紀後半のアメリカで生まれたキリスト教系の新宗教。エホバの証人はキリストが再臨したあと、千年王国が訪れるとする終末論的な「前千年王国説」を取っている。各地のエホバの証人の教徒たちは武器をもつべきでないという聖書とイエスの教えにもとづき、歴史的に兵役を拒否してきた。ただし、政治的な事柄に対しては中立を守るべきという教義を有するために、積極的に軍事活動に反対したり、軍務につく人びとに意見をいうといったことはなかった。

†2　植民地期の朝鮮において朝鮮人の兵員動員は、まず、一九三八年に陸軍特別志願兵令が制定され、朝鮮人の志願者がはじめて兵役につくことができるようになった。その後、一九四三年には海軍特別志願兵令が制定され、志願兵制度の領域が海軍にまで拡張された。一方、同年には日本人学生の徴兵猶予を停止し学徒動員を実施するのに合わせ、陸軍特別志願兵採用規則を制定、朝鮮人の学徒動員を実施した。他方で、その前年の一九四二年五月、日本政府は徴兵制を朝鮮でも実施することを決定した。そして、一九四四年から朝鮮でも徴兵制が実施され、一九四四年と一九四五年の二度、日本軍による朝鮮人に対する徴集がおこなわれた。こうした過程のなかで、一九三八年から一九四五年までのあいだに、日本軍に兵士として動員された朝鮮人男性は、陸軍志願兵一万六八三〇人、海軍志願兵三〇〇〇人、学徒兵四三八五人、陸軍および海軍の徴兵一九万、総計二一万四〇〇〇人以上にのぼったと推定されている。

†3　一九七二年一〇月、朴正熙政権は国会を解散し憲法の一部の効力を停止させるとともに非常戒厳令を宣言、そうした状況で憲法改正案を公告し、国民投票を経て制定した。この維新憲法によって、大統領は緊急措置権、国会解散権、法律案拒否権を有し、さらには国会の三分の一の議員の任命権と大法院長の任命権を掌握することになった。これ以降、一九七九年一〇月に朴正熙が射殺されるまでの時期を「維新時代」、「維新体制期」などと呼ぶ。

庁はこれを履行する過程で兵役拒否者を無理やり訓練所に連行し、強制的に入営させた。このようにして強制的に入営させられた訓練所において、銃を手にするのを拒否していた兵役拒否者たちは、抗命罪によって処罰され、激しい殴打を加えられた。論山（ノンサン）訓練所で憲兵から角材による殴打を受け、死亡したキム・ジョンシク、師団営倉で憲兵から角材による殴打を受けて倒れ、病院に移送されたが、脾臓破裂によって死亡したイ・チュンギルをはじめとして、少なくとも五人の兵役拒否者がこの世を去った。

それとともに、多くの兵役拒否者が重複処罰を受けた。訓練所では何度も執銃命令がくだされ、それを拒否するたびに加重処罰となり、兵役拒否によって処罰されたあと、再度入営令状が出る場合もあった。兵役を拒否したことで懲役を過ごしたあと、出所日に再び入営令状を受け取り、再度兵役を拒否したチョン・チュングクは、三度にわたって七年一〇ヶ月の時間を監獄で過ごさなければならなかった。

盧泰愚（ノ・テウ）政権は公安政局をつくり出し[†4]、市民のデモを鎮圧する専門部隊である「白骨団」を設立した。一九九一年三月から明知（ミョンジ）大学で起こった大学の登録金値上げ反対デモの過程において、デモに参加した学生のカン・ギョンデが白骨団の強硬鎮圧により死亡するという事件が発生する。これを目撃した戦闘警察[†5]のパク・ソクジンは服務を拒否し、「戦闘警察解体」を要求する良心宣言をおこなった。

パク・ソクジンのように良心宣言をおこなった軍人は、一九八七年から一九九〇年代初頭までのあいだに五〇人余りに達した。良心宣言の理由は多様だった。白骨団解体、軍民主化、軍隊内の殴打禁止など、政治的な主張をした軍人もいれば、入隊前に大学に通いながら国の情報機関のフラクション活動をしていたと告白し内省するひともいた。当時、韓国社会において「良心的兵役拒否」という概念はいまだ根づいておらず、したがって良心宣言をおこなったひとたちも自分のことを良心的兵役拒否者だとは認識できなかった。また、かれらのうちのほとんどが軍服務自体を拒否したわけではなかった。だが、みずからの良心に反する不当な命令をはっきりと拒否したという点で、兵役拒否

---

†4　政治権力を握っている支配層がみずからの反対勢力を弾圧するために、それらの人びとによって国家安保や社会秩序が脅かされているかのようにみせかける保守的な政治手法を指す。

†5　スパイの浸透を防ぐとともに、治安関連業務を補助するという趣旨から、一九六七年九月にはじめて設置された警察組織。戦闘警察隊員は「国家警察公務員」と「戦闘警察巡警」から構成されるが、前者が警察官のなかから任用されるのに対し、後者は兵役の義務を軍隊ではなく警察機関で務める「転換服務者」のなかから任用される。なお、戦闘警察は二〇一三年に廃止された。

運動においてかれらの行為は重要な歴史として考えられている。

二〇〇一年二月、時事週刊誌『ハンギョレ21』三四五号に、「どうしても銃を持つことはできません」というタイトルの記事が掲載された。この記事によって兵役拒否は韓国社会のホット・イシューになった。同年一二月、仏教信者であり、平和活動家のオ・テヤンが兵役拒否を宣言し、二〇〇二年には平和人権連帯、人権運動サランバン、民主社会のための弁護士の会など、三六の市民団体が集まり、「良心的兵役拒否権の実現と代替服務制度の改善のための連帯会議」を正式に発足させた。

本書では、兵役拒否が韓国社会で声高に議論されはじめた時期、つまり二〇〇〇年代初頭から現時点までの兵役拒否運動について語り、兵役拒否が投げかけたさまざまな問いを共に考えたいと思う。兵役拒否が投げかけた問いは、当然のことながら韓国社会に向けられたものだが、一方では兵役拒否者と平和活動家たち自身に向けられた問いでもあった。過去二〇年間途切れることなく何とか継続し、最終的には平和の種を育んできた話をいまここからはじめてみよう。[*1]

1．軍隊を拒否できるって？

人間は歴史のターニングポイントとなる重要な事件のなかに原因をみいだそうとする。歴史のターニングポイントはしばしば個人の生にとっても重要な節目となり、わたしたちは自分の生にとって重要な事件が偶然に起こったものだったのか、必然的な過程だったのか理解したいと思う。ほとんどの場合、偶然と必然は複雑に絡まり合っている。たとえば、二〇〇〇年代初頭、韓国で兵役拒否運動がはじまったのには、いかなる偶然と必然が作用していたのだろうか？　わたしが兵役拒否者であり、平和活動家になったのは偶然の力だったのだろうか？　あるいは、必然的な結果だったのだろうか？　偶然と必然はどのようにめぐり逢い、わたしの生に影響を及ぼしたのだろうか？

兵役拒否という言葉をはじめて聞いた二〇〇一年、その年の冬のことを想起してみよう。当時、わたしはマルクス・レーニン主義を標榜する学生運動団体に所属する学生の活動家であり、ちょうどその時期に実施された単科大学の学生会長選挙で当選を果たした頃だった。

二一世紀は戦争の影とともにはじまった。二〇〇一年九月一一日、ニューヨークの中心にあった世界貿易センタービルが倒壊したあと、アメリカは裏でテロの糸を引く人物としてアルカイダを率いるオサマ・ビン・ラディンに目をつけた。そして、ビン・ラディンに隠れ家を提供したという名目でアフガニスタンに侵攻した。アメリカの次のターゲットがイラクだということは、預言者や国際政治の専門家でなくとも明らかだった。事実、アルカイダの中心人物はサウジアラビア出身だったが、アメリカは自国の友邦であるサウジアラビアは放っておきながら、アルカイダとビンラディンを捕まえると主張し、アフガニスタンとイラクに侵攻した。

もちろん、これはアメリカによる不当な戦争だと多くの人びとが考え、世界中で激しい反戦運動が巻き起こった。韓国の社会運動団体も各自の立場から反戦運動に加わった。かつてのウッドストック・フェスティバルやジョン・レノン、ジョーン・バエズ、ボブ・ディラン、ホーおじさん（ホー・チ・ミン）に象徴される歴史上最も熾烈で大衆的な運動だったベトナム反戦を想起し、自分たちも何かやれるといった期待感が沸き起こっていた時期だった。

その時期にオ・テヤンが兵役を拒否したという知らせを聞いた。正確にいつだったかは記憶にない。ただ、あるときから一緒に学生運動をしている仲間たちと兵役拒否に関する話を共有するようになっていた。当時、わたしが所属していた学生運動団体は組織的に兵役拒否運動へ参加していたが、アメリカに対してイラク戦争の責任を問うたり、韓国軍の派兵に反対したりするなど、さまざまな反戦運動があったなかで、なぜ兵役拒否運動に着目したのか正確な理由は思い出せない。おそらく、学生運動内部でも少数派の組織としてほかの人たちがやらないことを最初にやって衆目を集めようという戦略的選択だったと思う。

兵役拒否とのはじめての出会いは、それこそ偶然だった。だが、その偶然はわたしにとっては幸運だった。のちに兵役拒否者のオ・ジョンノクが述べたように、「入営令状よりも兵役拒否にまず出会ったから」だ。こうしてわたしは非暴力も、反軍事主義も、市民的不服従も知らないまま兵役拒否運動をはじめた。平和主義者だから兵役拒否をしたというよりは、兵役拒否運動をしているうちにおのずと平和について考え、悩まざるをえなかったというのが事実に近い。

こうして兵役拒否に出会ったあとでは、兵役拒否の意味も、歴史もすべてが新しくみえた。韓国において兵役拒否はいつ、どのようにしてはじまったのだろうか？　だれが、なぜ兵役を拒否したのだろうか？　大学では歴史を専攻していたのに、このような話を学んだ記憶もなければ、聞いた記憶もなかった。金佐鎮（キム・ジャジン）†6や安昌浩（アン・チャンホ）†7、尹奉吉（ユン・ボンギル）†8の独立運動は高校の授業時間で学び、朴憲永（パク・ホニョン）†9や李載裕（イ・ジェユ）†10の革命観については大学で学生運動をするなかで先輩たちから学んだ。だが、一度も兵役拒否の話は聞いたことがなかった。帝国日本の植民地時代、エホバの証人の信者たちは神社参拝や強制徴兵を拒否し、みなことごとく監獄に連れていかれた。しかし、多くの独立運動家が苛酷な拷問に耐え切れず転向していくなか、エホバの証人の信者はただのひとりも転向せず、さらには獄死を遂げながらもついに監獄で解放を迎えた。このような話は、自分で探してみてはじめて知りえた話だった。専攻の授業を一生懸命聞いていたわけではなかったが、おそらく一生懸命聞いていたとしてもこの話は耳にできなかっただろう。

実のところ、兵役拒否を「入営令状拒否」という狭い意味において解釈するとすれば、植民地時代のエホバの証人の信者たちの行動は兵役拒否とは解釈できないかもしれない。朝鮮半島と日本列島のエホバの証人の信者全員が治安維持法違反により連行された灯台社事件*2が起きたのは一九三九年のことだ。帝国日本が朝鮮人を対象に徴兵制を実施したのは、それから五年後の一九四四年だった。朝鮮人は「二等国民」なので天皇の臣民に

†6　金佐鎮（一八八九―一九三〇）は、朝鮮の独立運動家。独立運動の資金集めに奔走していたところ逮捕され、一九一七年、満洲に亡命した。そこで独立軍を養成するとともに、日本を相手に数々の戦闘を繰り広げた。

†7　安昌浩（一八七八―一九三八）は朝鮮の独立運動家で、一九〇〇年代から日本の支配に反対し民族意識の高揚と独立をめざした愛国啓蒙運動に積極的に参加するなど、その生涯にわたって旺盛な活動をみせた。

†8　尹奉吉（一九〇八―一九三二）は、朝鮮の独立運動家。一九三〇年には満洲、翌年には上海に活動の舞台を移し、著名な運動家の金九（キム・グ）の薫陶を受けた。一九三二年、上海で日本の天長節祝賀会が開催された際、日本側の要人に爆弾を投げ、複数の死傷者を出した。事件直後に現場で逮捕され、同年一二月一九日には死刑に処された。

†9　朴憲永（一九〇〇―一九五五）は、朝鮮の共産主義者で運動家。朝鮮の共産主義運動の草創期からそこへ参加し、植民地支配からの解放を迎えるまで非転向を貫いた。解放後は南から北へ身を移しつつ南朝鮮労働党を統括し、一九四八年の朝鮮民主主義人民共和国創建時には副首相兼外相になった。だが、一九五三年八月、アメリカのスパイとされて突如党を除名となり、一九五五年に死刑宣告を受けて処刑された。

†10　李載裕（一九〇五―一九四四）は、朝鮮の革命家。一九二六年、日本へ渡って労働運動に参加するとともに、一九二八年には高麗共産党青年会日本総局に加入し活動したが、逮捕されて朝鮮に移送され、懲役三年六ヶ月に処された。一九三二年一二月に出獄したあと、労働運動家の金三龍（キム・サムニョン）、農民運動家の李星出（イ・ソンチュル）、学生運動家の李鉉相（イ・ヒョンサン）と出会い、「京城トロイカ」を結成した。以降、ソウルを中心に工場や学校などの労働現場に入り、ストライキや読書会を組織するなど、積極的に労働運動を展開したが、一九三四年に検挙された。その後、脱獄を敢行し身を隠しながら朝鮮共産党の再建運動に参加したが、一九三六年一二月に逮捕され、一九三八年七月に懲役六年を宣告された。獄中でも数々の闘争を繰り広げ、さらには非転向を貫いたがゆえに、本来の刑期を終えても釈放されず、一九四四年一〇月に獄死を遂げた。

なる資格がないと考えた帝国日本は、戦争物資を生産する仕事に朝鮮人を強制的に連行していったが、日本軍への入隊は許容しなかった。一方では、朝鮮人らに銃を与えたとき、その銃口がいつか自分たちに向けられるかもしれないという点を憂慮したのだろう。しかし、太平洋戦争が長期化し、日本人だけでは必要な兵力を埋められなくなると、一九四四年に入ってからは朝鮮人も徴集しはじめた。

エホバの証人の信者たちは徴兵制が施行される前の一九三九年に拘束された。そのときの拘束の理由は神社参拝を拒否するなど、帝国日本の軍国主義に根本的なところで服従していないというものだった。拘束の理由となったその信仰のあり方が入隊や軍事訓練を拒否するのと同じ信仰原理にもとづいていたこと、そして実際に日本のエホバの証人の信者は徴集を拒否した罪に問われて連行されたことを考慮し、歴史的に植民地期のエホバの証人の信者たちを兵役拒否者と呼んできた。おそらく、拘束されずに徴兵制に直面していたとしても、エホバの証人の信者たちはみな兵役を拒否し、同じように監獄へいっただろう。

だが、韓国社会においてエホバの証人は長い間、国旗宣誓をせず、輸血もしない少し奇怪な宗教団体くらいに思われてきた。だからエホバの証人の信者が軍隊を拒否し、監獄に連行されたことに世間はそれほど関心を示さなかった。こうした状態のまま解放以降五〇年以上の時間が流れた。二〇〇一年に『ハンギョレ21』の報道によって兵役拒否が社会的イシューとして浮上した当時、エホバの証人の信者一六〇〇人が兵役拒否により監獄に閉じ込められており、解放後から当時までの期間の収監経験者をみな合わせれば、実に一万人以上にのぼっていた。この事実に人権活動家たちは驚愕した。偏見に対抗し人権を擁護し、差別と闘ってきた人権活動家たちは、これまでエホバの証人の収監問題を人権問題として認識できていなかったことを反省し、最もはやく兵役拒否問題に反応した。

それから少し時間が経ったあと、エホバの証人の兵役拒否者たちの話を耳にしたある青年が自分も兵役を拒否するといい、活動家たちのもとに訪ねてきた。その青年がオ・テヤンだった。当時かれは仏教徒であり、人権平和団体で活動していた。つまり、かれは韓国社会に知れわたったという意味において、エホバの証人の信者以外で最初の兵役拒否者だった。オ・テヤンが兵役拒否を宣言して以降、兵役拒否は本格的に特定の信者による例外的な行動ではなく、憲法で保障された良心の自由を侵害する人権問題として社会的に議論されはじめた。

オ・テヤンの登場は、わたしのような当時の入営対象者たちに大きな衝撃を与えた。ほとんどの男性が胸のなかでは軍隊にいきたくないと思っていても、軍隊を拒否できるという想像さえしたことがなく、実際にそれが可能だとも思っていなかったからだ。視力がよくないのに必ず軍隊にいってやるという意志に燃え、「絶対いきたいです！」と叫ぶ若い男性が登場するコマーシャル[†11]を鵜呑みにする時期だった。ところが、オ・テヤンの登場によってたとえ監獄にいかなければならないにせよ、軍隊にいかないことを「選択」することができるという、「兵役拒否」という選択肢が急に目の前に現れたのである。

すでに少し述べたように、当時わたしが所属していた学生運動団体は熱心に兵役拒否運動に参加した。運動の一環で大学ごとに兵役拒否者と平和活動家を招聘して講演を開き、二〇〇二年の秋学期には国会に代替服務制の立法化を求める署名を集めるために授業にも出なかった。最近は青瓦台（チョンファデ）の国民請願[†12]などで署名を集めれば署名者が二〇万人をすぐに超えるが、当時はオンライン署名が普及していない時期だったので、わたしたちは署名板を手に取り、一人ひとり署名を集めてまわった。講義室で、校門で、学生会館の前で署名をもらい、地下鉄の駅や汝矣島（ヨイド）の広場やソウル駅広場、宗廟（チョンミョ）公園でも署名を集めた。宗廟公園で代替服務制の立法化を求める署名を集めたときは、一緒にいた友だちが歩いていたおじいさんに髪の毛をわしづかみにされた。民衆大会や労働者大会のように大規模な集会で署名板を持ってまわったときは、中年の労働者のおじさんたちが説教をするかのようにわたしたちの頭をはたき、必ずこういってきた。「だけど男なら軍隊にいかないとダメだろう」。

オ・テヤンの登場以後、兵役拒否はホットなイシューになった。テレビの時事討論番

---

†11　東亜製薬が製造、販売している栄養ドリンク商品バッカス（박카스）のテレビ・コマーシャル。韓国ではロングセラー商品になっている。二〇〇三年に発表されたこのコマーシャルでは、徴兵検査場で検査を受けている視力の悪い青年男性が、軍隊にいきたいあまり、事前に視力検査表に記された文字を順番通り全部覚え、視力テストをクリアしようとするも、ことごとく間違える。しかし、どうしても入隊したいかれは、テストを終えた直後、「絶対いきたいです！」と叫ぶ。終盤には「若き日の選択」という宣伝文句が画面に表示されるとともに、「男に生まれて（サナイロテオナソ）」というナレーションが挿入される。これは一九六二年に発表された軍歌「本物の男（チンチャサナイ）」（兪湖（ユ・ホ）作詞、李興烈（イ・フンニョル）作曲）の冒頭の歌詞「男に生まれてやることも多いが」を念頭においている。

†12　青瓦台国民請願は、「国民との疎通」、「国民が質問すれば、政府が答える」という文在寅（ムン・ジェイン）政権（二〇一七―二〇二二年）の国政哲学を反映した請願制度で、二〇一七年八月一九日より運用を開始した。ネット上で大統領府が運営する青瓦台国民請願関連ページにアクセスし手続きを踏めば、請願をアップロードすることができ、三〇日以内に二〇万以上の同意を得た請願に関しては、大統領府が応答しなければならない仕組みになっている。

組では、まず最初に兵役拒否の話題が取り上げられ、司法試験や大学入試でも兵役拒否は必ず事前に調べておかなければならない予想問題になった。何人かの人権活動家や進歩的知識人が兵役拒否の権利を擁護したが、あくまでも少数であり、非常に多くの人びとが兵役拒否者を非難した。非難の論理はシンプルだった。安保にフリーライドする卑怯な奴、男らしくない臆病者。さらには権力層の兵役逃れの不祥事の問題と良心的兵役拒否を一緒くたにし、非難を煽った。

しかし、激しい批判にもかかわらず、特定の人びとは非難よりも自分の良心に嘘をつくことのほうを恐れ、オ・テヤンの兵役拒否を自分の生に身近な問題として認識した。オ・テヤンをとおして自分の良心にしがたい軍隊を拒否できるということを悟った者たちのなかには、軍に入隊するのが当たり前と考えていた以前の生き方に立ち戻ることができなくなったひとがいた。ユ・ホグン、ナ・ドンヒョク、イム・チユン。そして、ひとり、またひとりとオ・テヤンのあとにつづき、兵役拒否者が現れた。

はじめてオ・テヤンに会い、兵役拒否運動に参加したときでさえ、わたしは自分も兵役を拒否しなければならないと考えたりはしなかった。ただ、個人の良心の自由が抑圧され、監獄行きを余儀なくされることが許せなかっただけだった。ヨーロッパの啓蒙主義時代の思想家であり、詩人であるヴォルテール（Votaire，一六九四—一七七八）の有名な言葉のように、だれかが良心ゆえに苦しみを受けるならば、その傍で共に闘うといった程度の心情だった。仮に兵役拒否をするなら監獄にいかなければならないわけだが、そのような状況について親を説得できる自信もがなかった。だからといって、入隊する考えや計画があったかといえば、それも嘘になる。正直にいえば、当時の自分にとって軍隊問題はただひたすら先延ばしにしておきたい宿題だった。

その一方で、兵役拒否運動に参加し兵役拒否について理解を深めていくなかで軍隊と監獄のどちらか一方を選択しなければならないとしたら、監獄を選ぶかもしれないと少しずつ考えはじめた。時間が過ぎていくにつれてそのような考えは次第に大きくなっていき、それにともなって軍隊にいくべき理由はひとつずつ消えていった。そのようにしてわたしはゆっくりと少しずつ兵役拒否の決意を固めていった。

2. 兵役拒否にも系譜がある

兵役拒否運動は出発と同時に社会的にも注目を浴びた。これは運動する立場からすれば、明らかに大きな幸運だったが、それだけにべつの難しさもあった。一万人を超えるエホバの証人の兵役拒否者の存在は、たしかにこの問題が社会的な注目を集めるにあたって大きな役割を果たした。だが、エホバの証人の信者たちは、宗教的な理由から政治的な行動や発言をしなかった。それは政治から距離を置き、つねに中立を守る教理をもっているからである。それゆえに、エホバの証人の兵役拒否者も自分の行動が政府に対する抵抗として解釈されることを負担に感じていた。

これはオ・テヤンが登場するまで兵役拒否運動に積極的に声をあげる当事者がいなかった理由であり、そのために兵役拒否は特定の宗教者の「異常な」行動だという社会的偏見が強固なものになった。それゆえ、兵役拒否運動は当時、一方ではエホバの証人に対する社会的偏見に立ち向かいながら、他方では兵役拒否がエホバの証人の信者だけの行動ではないということを理解してもらおうと努力した。特に兵役拒否の歴史をたどり、その歴史性を明らかにするために力を注いだ。わたしは兵役拒否者や平和運動家らとともに、歴史のなかから、そして映画や文学作品のなかから兵役拒否の痕跡を探しだしたが、その過程はちょうど兵役を拒否するか悩んでいた自分にとっても大きな学びとなった。

世界史的に兵役拒否は宗教的信念を守ろうとする宗教者たちからはじまった。西暦二九五年、キリストにしたがう者としてローマ軍の徴集を拒否し、処刑された聖マクシミリアヌスが公式的な記録に登場する最初の兵役拒否者である。それ以降、中世ヨーロッパでは少数の平和主義教派の宗教者たちが兵役拒否を継承していった。兵役拒否が平和運動という新しいかたちで現れたのは二〇世紀初頭の第一次世界大戦のときだったので、非常に長いあいだ、兵役拒否の良心は宗教的良心を意味していた。

韓国でも同じだった。兵役拒否という名称さえなかった時期、エホバの証人の信者たちは宗教的信念にしたがって軍隊を拒否し、監獄へ向かった。エホバの証人以外の場合でも、兵役拒否がはじまった初期の韓国の拒否者は、ほとんどが宗教的な良心を理由に兵役を拒否した人びとだった。セブンスデー・アドベンチスト教会[†13]の信者たちもエホバの証人の信者のように宗教的信念にしがたって兵役を拒否した。宗教社会学者のカン・インチョルの研究によれば、一九五六年から一九七六年のあいだに兵役拒否によって収監されたセブンスデー・アドベンチスト教会の信者は九七人だという。しかし、維新時代を経るなかで、セブンスデー・アドベンチストの信者たちは、入隊後に非戦闘服務に従事し、戦闘服務を割り当てられた場合にだけ兵役を拒否するという方法を取るようになるが、これは国家による暴力が宗教の自由を侵害した痛ましい事例である。

一方、エホバの証人やセブンスデー・アドベンチストのように多数の信者が一挙に兵役拒否をした事例ではないものの、個人的に兵役を拒否したキリスト教徒もいた。キリスト教長老派[†14]の信者であるムン・ギビョンは、一九五八年に執銃訓練を拒否し懲役六ヶ月の刑を宣告され、監獄に閉じ込められた。中央神学校を中退したホン・ミョンソンは咸錫憲（ハム・ソッコン）[†15]が建てたシアル農場に入り、信仰生活を送るなかで兵役を拒否したが、これはクエーカーの兵役拒否に深く感銘した咸錫憲の影響を受けたものだった。[*3]

兵役拒否者にとって最も過酷な時代だった一九七〇年代にも宗教者たちは兵役拒否を継承した。エホバの証人はもとより、キリスト教や仏教の信者たちによる兵役拒否が立てつづけに起こった。一九七八年、「兄弟同士銃口を向け合うのは嫌だ」と主張し、兵役を拒否したキリスト教徒のキム・ホンスルは実刑三年を宣告され、収監された。かれは出所後、牧師の按手を受け、釜山で貧民運動をおこなった。ヒョリム僧侶は入隊したあとで兵役拒否を宣言した選択的兵役拒否者[†16]だった。維新時代末期に入営令状を受け取って入隊したが、修験者としての良心に背く軍事訓練を受けるなかで価値観の混乱が

---

†13　聖書主義に立つプロテスタント系の教会。いわゆる再臨派の一派。菜食主義や禁煙運動などでもよく知られる。モーセの十戒を遵守する立場をとり、そのなかに「汝殺すなかれ」とあることから良心的兵役拒否を推奨している。同教派に入信した日本の人物として矢部善好がいるが、かれは日露戦争の際、実際に兵役を拒否したため、しばしば日本初の良心的兵役拒否者とされる。

†14　プロテスタント系の一派。聖職者と信徒代表の長老が平等に教会を運営する制度を採用することからこうした名称で呼ばれている。

†15　咸錫憲（一九〇一―一九八九）は韓国の著名な思想家、宗教家。一九二四年、東京高等師範学校に入学するが、日本留学中の一九二四年から一九二七年にかけて内村鑑三の聖書研究会に通い、大いにその影響を受ける。解放後はクエーカー教徒になり、軍事政権を批判する文章を多数発表。一九七〇年には『シアレソリ（種の声）』を創刊した。「シアレ思想」というかれ独自の思想を発展させた。「シアル」の「シ」は種子、「アル」は実を意味する朝鮮語でそこから転じて「シアル」とは「民」を意味している。シアル農場は、一九五七年に咸錫憲が忠清南道天安に設立した農場で、農作業、食事、礼拝を基調にした生活共同体だった。

†16　選択的兵役拒否とは、兵役それ自体を拒否するのではなく、軍隊内部において特定の命令にしたがわないといった兵役拒否のあり方を指す。代表的な事例が戦場動員命令をくだされた兵士の軍隊からの脱走である。

生じ、結局兵役拒否を選択し監獄生活を送った。ヒョリム僧侶は後日、二〇〇〇年代初頭に結成され、兵役拒否運動を先導した「良心的兵役拒否権の実現と代替服務制度の改善のための連帯会議」の代表を歴任し、兵役拒否者を精力的に支援した。

このように、エホバの証人を中心に少数の宗教者たちが兵役拒否を継承してきたが、二〇〇〇年代に入り、兵役拒否運動が登場するなかで宗教的な兵役拒否の幅も広がった。クエーカーとともに代表的な平和主義的プロテスタントの分派であるメノナイト教会[†17]の信者、神学系の大学の学生、カトリック信者、聖公会の信者や仏教の信者が地道に宗教的な教理にもとづいて兵役拒否を継承した。

だとすれば、政治的な兵役拒否はどうだろうか？　政治的な兵役拒否者の存在も歴史のなかにみいだすことができる。一九八〇年代後半から一九九〇年代初頭までの時期には、多様な理由から軍服務を拒否する現役軍人たちが登場した。当時はかれらの行動を兵役拒否ではなく、「良心宣言」と呼んだ。一九九一年、大学の登録金値上げに反対するデモに参加した大学生カン・ギョンデが白骨団の強硬鎮圧によって死亡したが、その事件の直後に戦闘警察隊の解体を主張し、部隊を離脱して良心宣言をしたパク・ソクジン、当時の国軍保安司令部が民間人を査察していたという事実を暴露した脱走兵ユン・

ソギャンなどが代表的である。[†18] それ以外にも、大学に在籍していた頃、国の情報機関のフラクション任務をしていたという事実を告白したり、独裁者 全斗煥（チョン・ドゥファン）が寄留する百潭寺（ペクダムサ）[†19]を守る任務を遂行することはできない、といったさまざまな理由によって兵役を拒否したひとが五〇人以上現れた。良心宣言をした人びとのうち何人かは、軍部独裁の清算、軍の民主化、当事者の名誉回復など、政治的なスローガンを掲げて籠城した。兵役拒否という単語さえ馴染みのない時代だったために、かれらは自分たちのことを兵役

†17　メノナイトは一六世紀にオランダやスイスなどで形成されたプロテスタントの再洗礼派の一派。無抵抗・非暴力主義、兵役の拒否などを理念としている。

†18　一九七七年、朴正煕政権は従来、陸・海・空軍それぞれに設置され、活動をおこなってきた防諜部隊を統合、改編し、国軍保安司令部を創設した。朴正煕が暗殺されたあと、クーデターによって政権を掌握した全斗煥、その後継の盧泰愚は保安司令官を務めた人物だった。これら新軍部政権も保安司令部を活用したが、ユン・ソギャンの暴露は社会に大きな波紋を呼び起こした。その結果、当時の盧泰愚政権は保安司令官を解任するとともに、保安司令部は軍内部の問題だけを扱うようにさせると言明し、一九九一年一月、組織名を機務司令部に変更した。機務司令部が朴槿恵（パク・クネ）大統領弾劾時に戒厳令を宣布する計画を準備していたことやセウォル号事件の被害者家族を査察していた事実が明らかとなり、二〇一八年、文在寅政権は機務司令部の解体を決定し、同年九月にそれに代わる機関として軍事安保支援司令部を新たに設置した。

拒否者とは考えておらず、また軍隊それ自体に対する根本的な批判をしなかったという点で、かれらを平和主義者とみなすのには無理がある。だが、みずから進んで処罰を甘受しながらも、自分の良心に反する命令や行動を拒否したという点において、かれらの良心宣言は市民的不服従としての兵役拒否だったとみなすことができる。

戦争がグローバルな政治行為であるように、兵役拒否もグローバルな抵抗である。歴史のなかには、平和主義者として朝鮮戦争の参戦を拒否した他国の兵役拒否者もいる。『独裁から民主主義へ』[†20]（ペク・ジウン訳、現実文化社、二〇一五年）を書き、独裁権力に立ち向かう世界の民衆に非暴力直接行動の理論を知らしめたジーン・シャープ（Gene Gharp, 一九二八―二〇一八）は、朝鮮戦争当時、戦争に反対し兵役を拒否した。徹底した非暴力主義者だったかれは、独裁を崩壊させ、民主主義を拡張させるにあたって戦争は効果的な手段ではないと考えた。クエーカー教徒で医師でもある兵役拒否者のジョン・コーンズ（John S. Cornes, 一九二七―二〇一一）は一九五一年に徴集令状を受け取ったが、非暴力平和という宗教的信念にしたがい兵役を拒否した。しかし、戦争の恐怖から逃れたいという気持ちはなかったために、当時戦争によって廃墟と化した韓国での代替服務を希望した。これにより医者だったかれは、一九五四年から全羅北道群山（チョルラブクトグンサン）のある病院で代替服務として医療奉仕をおこなった。二〇一三年、韓国政府はジョン・コーンズが戦後再建に大きく寄与したとして修交勲章を授与した。その年にも例にもれず韓国の兵役拒否者たちは監獄に収監されたが、べつの兵役拒否者には政府から勲章まで与えるとは歴史のアイロニーを感じざるをえない。

二〇〇〇年代に入って新たに現れた平和主義的兵役拒否のスペクトラムは、時間を経るにつれて一層広がっていった。それぞれの考えや良心は少しずつ異なっていたが、いまより少しでも平和な世界をつくる実践として兵役拒否を認識しているという点は似

---

†19　全斗煥は第一一・一二代大統領。一九七九年、朴正熙の暗殺後の一二月一二日にクーデターによって軍内の対立勢力を除去し組織の実権を掌握した。一九八〇年五月には、非常戒厳令を全国に拡大し、さらには光州民主化抗争を鎮圧したうえで、八月大統領に就任、以後約七年に及び、軍部独裁を敷いた。一九八七年七月、民主化運動が高揚するなか、全斗煥は大統領を辞職した。それから九ヶ月後の一九八八年一一月二三日、全斗煥は光州民主化抗争および在職中の失策や不正を謝罪する「対国民謝罪文」を発表し、夫人の李順子（イ・スンジャ）とともに、江原道麟蹄郡（カンウォンドインジェ）所在の百潭寺で隠居生活をはじめた。結局ふたりはここで二年余り過ごした。

†20　原著は Gene Sharp, *From Dictatorship To Democracy: A Conceptual Framework for Liberation*, Albert Einstein Institution, 1994. 日本語訳としては、ジーン・シャープ『独裁体制から民主主義へ——権力に対抗するための教科書』瀧口範子訳、筑摩書房、二〇一二年。

通っていた。そうした点で二〇〇〇年代初頭の政治的兵役拒否者たちは平和活動家であるともいえるだろう。

兵役拒否運動をおこない、エホバの証人から政治的兵役拒否者、そして平和主義者へと少しずつ視野が広がっていくにつれて、みえていなかったことが浮かびはじめた。歴史上、最も多くの兵役拒否者が登場したベトナム戦争当時、全世界的に反戦運動のうねりが激しく押し寄せていたにもかかわらず、韓国では兵役拒否も、反戦運動もなかったということを残念に思っていたが、視野が広がっていくうちに韓国でもベトナム戦争に反対した兵役拒否者の存在をみつけることができた。

金鎮洙(キム・ジンス)はコリアン・アメリカンとして米軍服務中ベトナムに派兵された際、休暇地だった日本で軍から脱走し、キューバ大使館に亡命を申請した人物だった。中国、ソ連を経てスウェーデンへ亡命したかれは、つぎのような言葉を残したと伝えられている。

私はベトナムではまりこんでいる現在のアメリカの行き方を変えるために何かをしなくてはならないと、心に決めたわけです。なおその上に、私は、こんにちの朝鮮そのものである悲劇をなくすのに役立ち、思いきった変革を展望の中にもたらすうえで助けとなり、それによって現在の南北両朝鮮の人びとに再統一が受け入れられるようにするような、そういったなにごとかを行ないたいと決心しました。そこで私は、この私の気持を伝えるために脱走という道を選んだのです[*4][†21]。

米軍だった金鎮洙のみならず、韓国軍のなかでもベトナム戦争に反対し、兵役を拒否した人びとがいた。済州(チェジュ)島出身の金理石(キム・イソク)は幼い頃、済州四・三事件と朝鮮戦争を全身で経験した。戦争の惨状を直接目撃したものの、義務なので仕方ないという考えから軍に入隊したが、ベトナム戦争に派兵されるや、脱走し日本へ密航する。メソジスト信者でもあったかれは、自分の信仰と良心に照らしてベトナム戦争は誤りであり、自分が加担することはできないと判断した。後日、金理石は日本政府に発見され、韓国に強制送還されたが、その後の生については知られていない。同じく済州島出身の金東希(キム・ドンヒ)もまた軍隊でベトナム派兵命令を受けたが、軍から脱走し、平和憲法として有名な日本の憲法九条に言及して日本への亡命を申請した。しかし、亡命は受け入れられず、その後かれ

---

†21　原文は『ベ平連ニュース』第三〇号、一九六八年三月一日。

ベ平連ニュース

第30号

読者の方へのお願い

金鎮洙さん、無事国外へ！

ベ平連・「イントレピッド四人」の会　記者会見で発表

アメリカ、日本そして世界の人民へのメッセージ

金鎮洙の手記が載った『ベ平連ニュース』

はソ連を経由して一九六八年に北朝鮮へ亡命した。これらの事例は、兵役拒否を「入営令状拒否」とみなす極めて限定的な認識のもとでは「兵役忌避」、または「脱走」として理解される。しかし、兵役拒否の歴史とその意味の広がりを認識すれば、かれらの行動を兵役拒否として理解することは可能である。

韓国の兵役拒否の歴史をみれば、兵役拒否の意味が拡張していく過程が鮮明になる。宗教的兵役拒否から軍事主義に抵抗する市民的不服従へ、さらに国家によって排除された多様な人びとの声へと兵役拒否の意味は少しずつ拡張されてきた。だれかがわたしに兵役拒否の意味を問うならば、わたしは軍事主義に抵抗する平和活動としての市民的不服従であると説明するだろう。もちろん、このような解答は時間が経つなかでゆっくりと形づくられたものであり、正直にいえば、兵役拒否について最初に思い悩んでいたときは、このようにはっきりとした答えをもっていたわけではなかった。兵役拒否の社会的意味であれ、その歴史であれ、時間が過ぎ去ったあとではじめて理解できたものであって、最初に兵役拒否に接した当時はまったく知らなかった。兵役拒否運動をはじめたあとでも、わたしたちの行動が正確にどのような意味をもつのか、わたしたちの良心が何なのかもよくわかっていなかった。

3. 良心を問われて

振り返ってみれば、二〇〇〇年代初頭、わたしにとって最も答えるのが難しかったのは、良心と非暴力をめぐる質問だった。当時、兵役拒否者の裁判において非暴力の良心を判断するという意図で投げかけられた質問のうち、特に何度もぶつかった質問は、つぎのようなものだった。

「家に侵入した強盗があなたの妹を強姦しようとしている。あなたの横には包丁がある。あなたはその包丁を振りまわして強盗を制圧するか?」

インターネットの掲示板や街中で見聞きしたのならば、「非暴力の良心についてそういうふうに考えることもあるんだなぁ」と思いながら無視していただろうが、法廷で判事や検事がこうした質問を浴びせてきたので驚いた。これは質問ではなく罠であり、攻撃だからだ。質問のふりをしたこのような攻撃は、答えるひとがジレンマに陥るようにするところに本当の目的がある。包丁を振りまわして強盗を制圧すると答えるなら、武器を使用するひとをはたして非暴力の良心を実践する平和主義者といえるのかと反問され、逆に包丁を使用しないと答えたなら、妹が強姦される危機に直面しているのに、自分の良心のために暴力を傍観する利己的な人間になってしまうのである。

　だから、実際にはこのような質問に答える必要はない。攻撃のためにつくられた質問は、どのように答えても罠に嵌るだけだ。議論のためにつくられた質問でもなく、何より現実的にそのような状況が起こる可能性もほとんどない。妹がいて、さらに同じ家で一緒に生活し、その家に強盗が入り、妹を強姦しようとする強盗を前に、都合よく自分の横に強盗を制圧できる武器がある状況が訪れる確率は、はたしてどれくらいだろうか？　似たような事件が起こったという話をニュースでみたこともない。自分の弟が実は柔道の金メダリストで強盗を簡単に制圧してしまう、というのと同じくらいリアリティのない話なのだ。

　しかし、兵役拒否者たちはつい最近まで、内容はさまざまにアレンジされているが、根本のところではまったく同じ質問に直面していた。

「光州（クァンジュ）民主化運動[†22]のとき、市民軍が銃を持って戒厳軍と闘ったことについてどう考えるのか？」

「被告人は日本軍「慰安婦」の被害が発生した理由は何だと思うか？」

「軍事力の不均等のせいで日本軍「慰安婦」の被害が発生したのではないか？」

「被告人が主張する平和的方法（兵役拒否）によって第二の「慰安婦」問題が発生しないといいきれるか？」

歴史的な事件に依拠し、もっともらしい質問を投げかけているが、兵役拒否者が自分の良心を毀損するような回答をするよう誘導しているという点で本質的には質問ではなく攻撃だという事実は、過去も現在もまったく変わらない。検事や判事が兵役拒否者の良心を検証するといいながら、むしろ良心を毀損するようなやり方で質問を投げかけるのには、兵役忌避者をあぶりだすというかれら自身の正義感があるのだろうが、一方ではかれらも良心がいったい何なのかよくわかっていないからでもある。

個人の良心についてきちんと理解せず、またそれについてじっくりと考える機会がないのは、判事や検事だけでなく、韓国社会全体の問題でもある。組織の決定が個人より優先される集団主義的な文化において、そのような社会の常識とそぐわない個人の良心が存在し、良心のほうを重要視してもいいということを韓国社会は認めたがらない。平等と解放を主張していた大学時代、わたしが所属していた学生運動団体でも個人の良心と組織の決定が対立する場合、必ず組織の意思を優先すべきだと考えられていたし、当時はわたしもそう思っていた。

しかし、兵役拒否に出会うなかで、それまで一度も考えたことがなかった「良心」について考えるようになった。それまで自分は目を背けていたものの、良心というものが現れる瞬間を想起するのはそれほど難しくなかった。たとえば、さまざまな学生運動の団体の代表者が連帯組織を構成するために集まった場において、連帯組織の代表を務めるのはわたしが所属する団体の議長でなければならないという主張をするために、自分自身も納得しがたい詭弁を並びたてたときに感じたぎこちない感情、代替服務制の導入

---

†22　「五・一八（光州）民主化運動」、あるいは「（光州）五・一八」とも呼ばれる一九八〇年五月全羅南道（チョルラナムド）光州で起こった民衆闘争を指す。全斗煥ら新軍部によるクーデター以降、民間では大統領直接選挙制の導入を求める民主化要求が高揚し、全国各地で民主化運動の機運が高まっていた。これに対し、五月一七日、戒厳司令部は非常戒厳令を全国に拡大し、多数の人びとを「予備検束」によって逮捕した。そして、五月一八日、光州所在の全南（チョンナム）大学前で学生たちが「戒厳解除」、「全斗煥退陣」などのスローガンを掲げ、デモを繰り広げていたところ、特殊部隊の第七空挺旅団が投入され、光州の人びとに対する鎮圧がはじまった。以後、一〇日間にわたって戒厳軍の暴圧に抗議する市民たちと軍側の衝突がつづき、多数の死傷者を出した。死者は公式に確認された者だけで一六五人にのぼる。

を主張して国防委員長室を占拠し、警察に連行された際、厳重注意だけで済むように学生会長であることも隠し、政治に無関心な学生のように嘘をついたときに感じた羞恥心。指に棘が刺さったときのように、これらの感情が一瞬にして自分の心をチクリと突いてきた。詭弁を並びたててでも自分たちが主導権を握らねばならないという、警察に嘘をついてでも厳重注意で済むように勧めるその組織の立場こそ間違っており、自分はその決定にしたがいたくないと叫ぶ声が、そのときたしかに自分のなかにあった。それこそわたしが顔を背けていた己の良心だったのだ。

質問のふりをした検事の攻撃に対応するのは、むしろ簡単なことなのかもしれない。しかし、みずから顔を背けてきた良心の声に対しては十分に応答することができなかったばかりか、応答することさえ図々しく思えた。このように、わたしは兵役拒否について悩むなかで「良心」の重さについても考えはじめた。

実際、韓国社会では、良心の自由を擁護するひとさえも良心を特別なものと誤解してしまう傾向がある。これは歴史的な経験のせいでもあるのだろう。韓国現代史において良心の自由が社会的イシューとして浮上した出来事は大きく分けて二回ある。一度目は非転向長期囚[†23]に対する思想転向書を国家が強制したときであり、二度目は良心的兵役拒否者を監獄に閉じ込めることが社会問題として浮上したときである。だから、韓国社会において良心の自由とは、獄中生活をも辞さないほど強い信念を有した特別な人間だけがもつことのできるもの、いいかえれば、いかなることがあろうとも揺るがず、頑強で命にもかえうるほどの堅固な信念というかたちをとったものとされてきた。

だが本来、良心は弱くて脆いものだ。民主主義国家において良心の自由が保護されねばならないのは、個人の良心が民主主義の核心的な要素だからでもあるが、国家が保護しなければ良心の自由があまりにもたやすく砕け散り、侵害されるからである。兵役拒否の良心もそれと同じである。わたしの場合も、揺るぎない確固たる平和主義の信念をもっていたから兵役を拒否したのではなく、兵役を拒否すると宣言したあとでその名にふさわしい生を送るために努力しているうちに、平和主義という信念が良心として自分のなかに根づいたのである。あとから結果だけみると、監獄をも辞さない強固な決心を固めていたかのようにみえるかもしれないが、決してそうではなかった。比較

†23　国家保安法などの治安法によって逮捕されたり、朝鮮民主主義人民共和国からの工作員として投獄されたりした人びとのうち、長年獄中で過ごしながら思想転向を拒否した政治犯を指す。

的淡々と兵役拒否を決心したわたしでさえ、数百回は逡巡した。わたしの選択がはたして自分の良心に恥じない選択なのか、決心してから後悔しないでいられるのか、何度も自分に問いかけた。拘束された日の朝、わたしのおはようの挨拶を無視し、出勤していく母の悲しげな目をみたあとでは、裁判所に向かう足取りも重くなった。そのときのわたしの心は揺るぎのない堅固な岩のようなものではなく、ひとたび風が吹けば簡単にゆらゆらと揺らぐが、その場から動きはしない葦のようなものだった。おそらく、多くの兵役拒否者が拘束されるギリギリまで、心の底では数百回以上、入隊、脱走、兵役拒否のはざまで揺れ動いていただろう。

良心は揺るぎなき確固たる信念ではなく、みずからに恥じないようにするために、たえず自分を省みる鏡に近い。非転向長期囚や兵役拒否者のように、政治・社会的な状況においてのみ発現されるものでもない。不当な業務命令に従うかどうか悩む会社員、間違ったことをしていないのに反省文を強要される学生、望んでもいない嘘をつかなければならないあらゆる人びとの逡巡するその心こそ良心である。憲法で保障された良心の自由は、このような外部の圧力によってたえず揺り動かされる心を、各自の倫理意識や思想にもとづいてみずから守り抜くことができるように保障する自由である。普段、意識できていなくても、良心の自由が侵害されれば、心の揺れ動きを感知することによって良心の存在に気づく。わたしたちは良心の存在を叩責とともに認知するようになるのだ。

事実、わたしの良心はいまだに揺れ動いている。ただ、いまは良心が動揺するのは当然で自然なことなのだということを理解しているために、不安を感じないだけだ。良心の動揺を感じはするが、余裕ができた。だから、良心の動揺を肯定しながらも、良心の毀損を意図する攻撃的な質問に対して落ち着いて答えを提示することができるようになった。前述した質問に戻ろう。もしわたしがもう一度兵役拒否裁判を受けるようになり、攻撃的な質問を受けるならば、つぎのように答えたい。

検事の質問に対する仮の答え（これらの質問は実際に兵役拒否者が裁判で直面した質問のなかから選んだ）。

Q. 被告人は日本軍「慰安婦」の被害が発生した理由は何だと思うか？

A. 韓国軍「慰安婦」がつくられたのと同じ理由だと思います。戦争と軍隊が女性を搾取するからです。

Q. 軍事力の不均等のせいで日本軍「慰安婦」の被害が発生したのではないですか？

A. いえ、ちがいます。軍事力が強い軍隊であれ、弱い軍隊であれ、多様な形態の「慰安所」を運営しています。ナチス・ドイツも、ドイツと戦ったアメリカやイギリス連合軍も常設の「慰安所」を運営したり、占領地の女性を強姦したりするなど、さまざまなやり方で女性を性的に搾取しました。軍事力が弱いから「慰安婦」が発生するのではなく、国家が軍事力を統制しなかったり、統制しようとも考えなかったために発生する問題なのです。

Q. 被告人は日本軍が性奴隷にしようと被告人の知人の女性を連れていく場合、どのような行動を取りますか？

A. まず、その前に戦争が起こらないように一生懸命平和運動をするつもりです。それでもわたしたちの力不足で戦争を防ぐことができず、どの国であろうと軍隊が攻め込んできてわたしの知人を強制的に連行しようとするのであれば、命をかけて非暴力的な方法で抵抗すると思います。

Q. 軍隊はだれかを侵略するために必要なだけでなく、その侵略から自分や家族を守るためにも必要なのではないですか？

A. 侵略と防衛は、結局同じことです。ジョージ・W・ブッシュはアメリカ国民を保護するためにイラクを侵攻しました。だれかを保護することがほかのひとにとっては侵攻となる状況において侵攻と防衛という二分法にもとづいて戦争を捉えてはいけません。そのような二分法にもとづいていては、平和に到達することはできないと思います。

Q. 被告人が主張する平和的な方法（兵役拒否）によって第二の「慰安婦」問題が発生しないといえますか？

A. 発生してしまうでしょう。「慰安婦」問題は兵役拒否だけで解決できるような簡単な問題ではありません。ただ、兵役拒否者を処罰する社会と、より多くの人びとが兵役拒否をする社会とでは、「慰安婦」問題に対する態度がかなりちがうと思います。

Q. 包丁を持った強盗が家に侵入し、妹を強姦しようとしています。そのとき、横に銃があったとすれば、どうしますか？

A. まず、強姦犯がきちんと処罰されない強姦文化が蔓延している社会の責任を問いたいです。特にこの間、一貫して強姦犯罪に対し軽い処罰で対処してきた裁判所の責任を問いたいです。兵役拒否者には一年六ヶ月という実刑を宣告しておきながら、強姦犯には初犯だとか、反省の色がみえるだとか、さまざまな理由をつくり、せいぜい罰金数百万ウォンを宣告する程度で済ましてきたのは司法部です。司法部の責任をまず問いたいです。

4．平和と非暴力を想像する

良心についての悩みとともに、わたしにとっては非暴力についての悩みも大きな障壁だった。良心について無知だったように、非暴力や平和についても特に考えたことはなかった。

当時、わたしが所属していた学生運動団体は、大学が長期休暇に入ると入学年度別にかなり長い期間にわたる合宿型のワークショップを開催していたが、兵役拒否運動を組織の中心的なキャンペーンにすることに決めたあとのワークショップでは、兵役拒否について長い時間討論をおこなった。興味深いことに、その際わたしたちが自分たちに投げかけた質問は、最近検事たちが兵役拒否者に尋ねる質問とよく似ていた。

「もし一九八〇年五月の光州にいたとするなら、わたしたちは市民軍に参加して銃を取るか、あるいは銃を取ることを拒否するか？」

だれも口を閉じたまま、長い沈黙が場を支配した。市民軍に参加し銃を取るといえば兵役拒否が成立しないように思えたし、逆に銃を取らないと答えれば光州民主化運動の市民軍を否定するかのように感じられた。長い沈黙を破り、だれかが話をつづけたが、その討論で満足のいく結論をだすことはできなかったと思う。

この質問を難題に感じたのは、おそらく、当時わたしが社会運動と暴力は切っても切れない関係だと考えていたからだろう。革命には当然武装闘争がともなわねばならず、革命まではいかなくても、闘争には暴力が必要不可欠だと考えていた。その当時、多くの先輩が深く考えることもないまま、「労働者が権力をもつようになる瞬間がきたら、資本家が軍隊と警察を動員し、暴力を行使するはずだ。だとすると、われわれも労働者の軍隊で戦って勝たないといけないんじゃないか？」といった話をし、後輩たちも特に異見を差し挟まず、先輩の話を鵜呑みにしていた。

兵役拒否運動がはじまった二〇〇〇年代初頭は、韓国の社会運動の文化がほとんどそうだった。街頭集会をやるなら最終的には戦闘警察や義務警察[*24]と物理的衝突を起こしてこそ闘争に意味があると感じ、非暴力はひ弱、卑怯、あるいは無気力といった言葉とともに使われた。力も弱く戦うこともできないわたしのような人間も、華々しく散っていった革命家の悲劇を愛読し、暴力革命にロマンティックな幻想を抱いていた。金洙暎（キム・スヨン）[†25]の詩「青空を」の詩句のように「自由には／血の臭いが混じっている」[†26]と考えていたが、その血の臭いについては深く考えていなかったのである。大規模な街頭デモに打って出るときは、火炎瓶を投げて鉄パイプを振りまわす死守隊[†27]がイカしていてかっこいいと思っていた。

そのようなわたしに対して、兵役拒否運動は社会運動の暴力性に関する問いを投げかけた。疑う余地がないと思っていたことに問いを突きつけられたので困惑を覚えた。もちろん、暴力的なデモに対する情緒的で文化的な憧憬などについては、当時からさまざまな角度から批判が提起されていた。たとえば、死守隊を称賛する文化は闘争に参加する人びとのあいだにヒエラルキーをもたらすために、権力関係の形成につながり、運動

---

†24　現役兵のうち志願によって警察の治安業務を補助する者を指す。機動隊などに配置され、デモ鎮圧にあたる業務を割り当てるケースも多い。義務警察は一九八二年一二月に新設された組織だったが、二〇二二年一〇月に廃止された。

†25　金洙暎（一九二一―一九六八）は、韓国の著名な詩人。李承晩政権を崩壊させた一九六〇年の四・一九革命を契機に、現実批判を強調する詩を書くようになった。

†26　金洙暎『金洙暎全詩集』韓龍茂・尹大辰訳、彩流社、二〇〇九年、二一八頁より引用。

†27　デモをおこなうとき、鉄パイプや木材、火炎瓶などを使いながら警察の鎮圧からデモを守る役割を担う組織。

を非民主主義的なものへ変質させるという問題を指摘したフェミニストたちの批判にわたしも同感だった。ただ、圧倒的な国家暴力が行使される現場、たとえば、都市再開発の対象区域に居残りつづけている住民を雇われ暴力団が老若男女を問わず無暗やたらに暴行しているにもかかわらず、警察はそれを傍観している状況において、自分の身を守るために鉄パイプをもち、火炎瓶を用意する住民を批判することはできないとも思った。いま目の前に暴力がある状況において非暴力は間の抜けた話なのではないかというだれかの主張に対し、わたしはすぐに反論を展開することができなかった。

だからといって、暴力闘争が最善の対案だとも思わなかった。兵役拒否について知り、平和活動家たちと出会っていくなかで、わたしも多くの影響を受けた。軍事基地に潜入し、出撃準備中の戦闘機をハンマーで叩き壊した外国の活動家の話を聞きながら、非暴力は消極的だったり、卑怯でか弱い方法ではないということも理解するようになった。何より非暴力闘争は暴力闘争より魅力的な側面が多かった。死守隊は健常者男性しか参加できなかったのに対し、非暴力直接行動は老若男女を問わなかった。戦闘機を叩き壊したひとたちも全員女性活動家であり、青年ではなかった。死守隊は軍隊のようだったが、既存のデモとはちがうかたちの創造性を帯びた非暴力直接行動は、ある意味で芸術家のパフォーマンスのように感じられもした。決定的だったのは、兵役拒否をどうするか悩んでいたわたしが暴力闘争を擁護するというのは、どう考えても筋が通らないということだった。

兵役拒否を宣言し、熱心に兵役拒否運動をおこなうなかで、気持ちは少しずつ非暴力のほうへ傾いていった。しかし、兵役拒否と非暴力のつながりを論理化することは、かなり長い時間頭を悩ませた。兵役拒否を選択するわたしの良心が非暴力であるということを論理的に説明すること。わたしにとってはそれが課題だった。社会的に孤立した状況のなかで兵役拒否運動が何とか持ちこたえるためには、支持してくれる人びとの存在が必要だった。しかし、社会運動の活動家たちも暴力闘争が当然だと考えていた当時の社会の空気のなかで、この問題を解決することなくしては、仲間となりうるほかの活動家たちを説得することはできないと考えていた。

非暴力に対する確信を得るようになったのは、これを実用的な側面から捉えるようになってからだった。非暴力闘争といったときに想起される代表的な事例は、ガンディーの「塩の行進」[*5]やマーティン・ルーサー・キングのアフリカ系アメリカ人公民権運動[*6]である。国内の事例としては、セマングム干潟[†28]を救うために、ムン・ギュヒョン神父やスギョン和尚、キム・ギョンイル教務がおこなった「三歩一拝」[†29]行進や、KTX[†30]の鉄路工事によって住処を失う危機に瀕した千聖山(チョンソンサン)の山椒魚を守り抜くためのチュル和尚の断食闘争がある。非暴力闘争の代表的な事例がこうしたものばかりなので、非暴力直接行動はものすごく崇高で宗教的なイメージで想像されやすい。とりわけ、「三歩一拝」や五〇日以上の長期間に及ぶ断食のような直接行動は、肉体に極度の苦痛を与えるものなので、みずから宗教的な苦行に励む聖職者でなければ、非暴力直接行動は耐えがたい行動様式だと考えられもした。

「戦争なき世界」の同僚たちとともに、わたしは非暴力直接行動のさまざまな事例を調べ、あるものについては韓国の社会運動に節合し、実際に試しもした。その過程において、非暴力直接行動もかなりの犠牲を払わねばならない可能性があり、成功するためには十分な努力と準備の過程が必要だが、しかし、暴力的なやり方よりは非暴力的な方法が社会運動の目標を達成するにあたってより効果的だということを悟った。特に社会運動の目標が不当な権力者を退かせることにとどまらず、社会に民主主義を押し広げ、既存のパラダイムを転換するものならば、暴力的なやり方では新たな世界、新たな秩序をつくることは決してできない。

特に気に入ったのが非暴力的闘争を準備する方法だった。以前は、いわゆる「指導部」が戦術を組んで下達すれば、わたしはそれを理由もわからないまま遂行し、ただただそれにしたがうことに必死だった。各自の役割もあらかじめ明確に決められていた。一心不乱に動かなければならない死守隊には、一心不乱に動くことができる人間だけが参加でき、そこに入った人びとも指導部が組んだ戦術に対して批判したり、討論する余地は

†28　セマングムは、全羅北道群山市の南側を流れる錦河(クム)と金堤(キムジェ)市を流れる東津江(ドンジン)の河口一帯に広がる干潟のことを指す。一九七〇年代に韓国の西南海外の干潟開発が注目され、西南海岸干拓農地開発事業基本計画も策定されたが、その際セマングムはその十分の一に及ぶ巨大開発地帯になった。一九九一年、実際に開発がはじまったが、水質悪化が取りざたされ、社会問題になった。その結果、一九九九年には、開発による環境への影響を調査するために民・官共同調査団が組織されて開発工事が一時中断、環境団体や社会団体などは抗議行動を起こすようになった。こうした反対運動の高まりにもかかわらず、二〇〇一年、中断していた工事が再開されると、反対運動はさらなる高まりをみせ、政府を相手に開発計画の取り消しを求める訴訟を起こした。だが、二〇〇六年三月の大法院判決によって政府側が勝訴し、開発が再開した。その後、二〇一〇年にはセマングムに世界最長の防波堤が完成した。

†29　文字通り、「三歩歩き、一度拝礼する」という歩き方を指すが、干拓反対運動の一環としてこの歩き方でセマングム干潟からソウルまでを歩いた。

†30　Korean Train Express、韓国高速鉄道の略称。日本の新幹線に相当する。

なかった。それに対し、非暴力的な行動は多様な人びとが参加することができ、参加する人びとが共に行動の目標を共有し、戦術を組み立てなければならなかった。当然のことながら、より能動的な参加はより多くの積極性と責任感を引き出し、同時に効率性もあがった。価値の側面のみならず、闘争を準備し実行する現実的な側面においても非暴力的な闘争がより効果的だった。

もちろん、このような自分の考えをほかのひとたちに説得するのはべつの問題であり、簡単なことではなかった。説得には論理が必要不可欠だが、ひとは論理だけで考えを変えたりはしない。慣れきったやり方から抜けだすためには、経験的な感覚が重要だ。目でみて身体で感じる経験が積み重ねられたうえではじめて新たな論理や主張も受け入れられるようになる。わたしと「戦争なき世界」の友人たちは、地道に非暴力的実践をつづけていった。わたしたちは内部では非暴力の哲学に関する論理をかっちりと組み重ねていく一方で、身体でそれを語った。平澤（ピョンテク）の大秋里（テチュ）では米軍基地拡張移転に反対し[†31]、工事をおこなうショベルカーに登り、済州（チェジュ）の江汀（カンジョン）マウルでは海軍基地の敷地工事[†32]をおこなう車両を防ぐために、身体にチェーンを巻いて道路を封鎖した。

そして、兵役拒否をした。兵役拒否者はたえることなく現れ、監獄へいった。もちろん、すべての兵役拒否者が非暴力主義者ではないが、兵役を拒否し監獄へいくことは極めて政治的な非暴力直接行動だった。時間が過ぎるにつれて多様な兵役拒否者が現れ、それだけ非暴力直接行動に対する想像力も広がっていった。

---

†31　二〇〇四年七月、韓米両国はソウル中心部に位置する米軍龍山(ヨンサン)基地をソウルよりも南方にある平澤に移転することを決定した。米軍基地拡張予定地である平澤の彭城邑(ペンソン)では、土地の強制収容が実施されることになったが、二〇〇六年五月四日、それに反対する地域住民や人権団体、労働組合員、大学生など多数の市民が基地拡張反対派の拠点であった彭城邑大秋里の旧大秋小学校に集まった。これに対し、警察や機動隊などが動員され、反対派のなかから多数の負傷者と検挙者が出る事態にまで発展した。以降、徐々に移転が進み、二〇一八年六月、在韓米軍司令部庁舎が龍山から平澤へ移転したことをもって米軍龍山基地の駐留は事実上終了した。移転先の平澤の在韓米軍基地キャンプ・ハンフリーズには国連軍司令部、在韓米軍司令部、米第八軍などが駐屯しており、朝鮮半島における軍事作戦の中枢的機能を果たしている。また、海外の米軍単一基地としては世界最大規模だといわれている。

†32　二〇〇七年五月、済州知事が済州島の西帰浦(ソギィポ)市大川洞江汀(テチョン)村に海軍基地を建設すると発表した。それに対して、地域住民や人権平和団体の活動家たちは基地建設反対の意思を示し、坐りこみをはじめとしたさまざまなかたちの反対運動を継続的に展開した。結局、基地自体は二〇一六年二月に完工されたが、その後も基地に反対する人びとは平和運動をつづけている。

5. 二等兵が打ち上げた小さな平和[†33]

「ヨンソクさん、来る途中でレコード店に寄ってキム・グァンソクの『二等兵の手紙』[†34]が入っているアルバムをちょっと買ってきてもらえませんか？」

鐘路五街（チョンノ）にあるキリスト教会館へ向かう途中で平和人権連帯の活動家オリ（チェ・ジョンミン）から電話があった。その電話の前日、兵役拒否者であり、学生運動の先輩であるナ・ドンヒョクからお願いがあった。キリスト教会館で兵役拒否関連の重要な記者会見があるから必ず来てくれという話だった。オリは韓国で最初に兵役拒否運動をはじめた活動家だ。いまは「戦争なき世界」で一緒に活動している同僚であり、とても親しい友人だが、二〇〇三年当時は互いに敬語を使いあうよそよそしい仲だった。当時、わたしは大学の最後の学期を迎えており、卒業後に何をするか具体的な計画はなかったが、兵役拒否運動をつづけていきたいと考えていた。だから正確に何の記者会見なのかも知らないまま、なぜキム・グァンソクのアルバムが必要なのかもわからないまま、記者会見の会場へ向かった。

キム・グァンソクのアルバムを買うために、鐘路五街よりひとつ手前の鐘路三街でバスを降りて歩いてみたが、レコード店はみあたらなかった。光化門(クァンファムン)の教保(キョボ)文庫や明洞(ミョンドン)聖堂前にあるレコード店が頭に浮かんだが、時間がギリギリだった。もう少しはやく連絡をくれていたら家から音楽ファイルを購入してもっていくこともできたのに、と思い、心残りを感じつつ、キリスト教会館に到着した。そこへ来て、なぜ「二等兵の手紙」が必要だったのかわかった。記者会見場には「二等兵の手紙——イラク派兵は絶対にだめです」という文句が書かれた横断幕の前に、軍服を着たうぶな表情の若者が立っていた。その若者こそ、現役軍人として最初に公の場で兵役拒否を宣言したカン・チョルミンだった。

二〇〇三年は全世界で反戦運動が非常に活発に起こった年だった。当時、アメリカのジョージ・W・ブッシュ大統領は多くの人びとが予想した通り、イラクに侵攻した。ア

---

†33　一九七八年に文学と知性社から出版された趙世熙(チョ・セヒ)の『こびとが打ち上げた小さなボール』という著名な小説が念頭に置かれている。日本語訳は、チョ・セヒ『こびとが打ち上げた小さなボール』斎藤真理子訳、河出書房新社、二〇一六年。

†34　キム・グァンソク（一九六四―一九九六）は韓国で著名なシンガーソングライター。

メリカの同盟国であるイギリスが大規模の戦闘兵を派兵し、韓国もアメリカから戦闘兵を派兵するよう圧力をかけられていた。アメリカとイギリスを筆頭に全世界で大衆的な反戦運動が起こり、「人間の盾」[†35]となるべく、イラクへ向かう平和活動家もいた。特にイラクへの派兵を決定した国の活動家たちが多く参加した。イラクのバグダッドに自国民がたくさんいるなら、少なくともイラクに派兵する可能性のある国々は派兵をやめたり、そのペースを遅くしたり、派兵規模を減らすだろうと考えたからである。

韓国でも童話作家のパク・ギボム、平和活動家のイム・ヨンシン、ユ・ウンハなどが「人間の盾」としてイラクへ向かい、国内でも戦争反対や派兵反対を主張する大衆的な集会が何度も開かれた。激しい反対世論により、結局、韓国政府は戦闘兵の派兵の代わりに、治安維持や再建事業を担当するザイトゥーン部隊を派兵することに決定し、国会でも派兵同意案が通過した。アメリカの圧力にもかかわらず、戦闘兵を派兵しなかったのはよいことだったが、いずれにせよ大韓民国はアメリカとイギリスに次いで三番目に多い軍人を派兵した国という汚名を着ざるをえなかった。はたして韓国でもベトナム戦争当時のアメリカのように、参戦を拒否する現役軍人の兵役拒否者が登場するだろうか、という漠然とした期待感のなかで神経を尖らせていた。

カン・チョルミンの記者会見

次第に力をつけつつあった韓国の平和運動の活動家たちは、ベトナム戦争時の反戦運動のようなことを韓国でもやれると期待していた。ベトナム戦争当時、アメリカでは大規模な大衆的街頭デモから徴兵事務所に突入してドラフトカードを奪取し燃やしたり、戦争に使用される武器を生産する工場に突入し、施設を破壊するアクションにいたるまで、突発的で

†35　もともとは、戦争当事国が相手側からの攻撃目標になりうる施設の内部やその周囲に民間人を配置することによって敵軍の攻撃を牽制、逡巡させることを意図する軍事上の戦略だった。だが、イラク戦争の頃から戦争を止める運動の戦術として活用されはじめた。

奇抜なデモが多様なかたちで起こった。兵役拒否も相次いだ。ボクシングのヘビー級チャンピオンであるモハメド・アリは、「わたしは他人が望むチャンピオンではなく、自分が望むチャンピオンになる。ベトコンはわれわれをニガーと呼ばない。ベトコンと戦うのなら黒人を抑圧する世界と戦う」と宣言し、兵役を拒否した。アリは兵役拒否によりチャンピオンの座を剥奪され、選手として最盛期だった時期に数年間裁判を受けなければならなかった。

当時、アメリカにおいて兵役拒否は非常に大衆的なアクションだった。進歩的な歴史学者ハワード・ジンによれば、一九六五年中盤までに三八〇人だったアメリカの兵役拒否者数は、一九六九年末には三万三九六〇人に達した。これらはすべて入営自体を拒否した人びとである。ベトナム戦争に参戦したあと、戦争の実状を目のあたりにし、ベトナム戦争に反対する決心をして命令を拒否したり、脱走したひとは一九七二年には八万九〇〇〇人余りとなり、入営拒否者をはるかに凌駕した。

正直にいうと、二〇〇三年当時の韓国において、戦争に反対し兵役を拒否する現役軍人が現れるだろうと想像することは容易ではなかった。兵役拒否は長い間特定の宗教者による例外的な逸脱行為と考えられており、わずか数年前まで、訓練所に入所し銃を手にすることを拒否したエホバの証人の信者らが軍法によって実刑三年を宣告されるなど、苛酷な差別を耐え抜かねばならない以上、気軽に兵役を拒否すると名乗り出る人間が出てこないのは当然だった。そのうえ、ザイトゥーン部隊はベトナム戦争時の米軍脱走兵のように、民間人の射殺のような行動を強要される立場でもなかった。派兵に反対し兵役拒否を宣言する軍人が現れてほしいと考えはしたが、正直、大きな期待はしなかった。ただ内輪で「ベトナム戦争のときのアメリカのように、韓国でも軍人たちがイラク戦争派兵反対を主張し、兵役を拒否したらいいのに」といったような話を交わし、起こると期待していないことをうれしげに想像しているだけだった。ところが、カン・チョルミンという二等兵が突如現れたのである。

カン・チョルミンとの出会いは驚きの連続だった。かれはそれまで自分が出会った兵役拒否者らとはべつのカテゴリーの人間だった。かれはイラク戦争が勃発する前まで兵役拒否という単語を聞いたこともなかったという。イラク派兵に反対するために何かせねばという一心であり、自分としては派兵撤回を主張し、休暇から復帰しない一種のストライキが軍人としてなしうることだったと述べた。こうして新兵休暇に出て以前記事でみた「イラク反戦平和チーム支援連帯」のヨム・チャングンに自分の意志を伝え、その後キリスト教会館で籠城し、韓国軍のイラク派兵撤回を主張した。まさか本当に現役軍人が戦争に反対し、兵役を拒否するとは思いもしなかったが、待望していたことが現実に起こったのである。

わたしもほかの平和活動家たちとともにカン・チョルミンの籠城に積極的に参加したが、実に多くの市民がカン・チョルミンを支持するために籠城現場を訪れた。あとから知ったが、現役軍人として兵役拒否を選択したひとはカン・チョルミンが最初ではなかった。ベトナム戦争当時、派兵対象者に選抜されたことで兵役を拒否した金理石や金東希、そして一九八〇年代後半から一九九〇年代初頭まで多様な理由によって良心宣言をした軍人たちがいた。だが、二〇〇三年当時、金理石や金東希は知られておらず、良心宣言は兵役拒否とみなされなかった。だからこそ、カン・チョルミンがもたらした社会的衝撃は大きかった。

カン・チョルミンの兵役拒否が衝撃的だった理由は、さまざまな面においてかれが以前の兵役拒否者たちとはちがっていたからでもある。平和主義を主張する兵役拒否者やエホバの証人の信者があらゆる戦争に反対するのに対し、カン・チョルミンは銃を持ち、国家を守る仕事を否定しなかった。かれは外国の軍隊が韓国を侵略するのであれば、自分に兵役の義務がなくても志願入隊し国を守ると思うが、イラク戦争への派兵は世界平和に貢献するという大韓民国憲法に違反することなので、兵役を拒否せざるをえないと語った。このように、軍隊や戦争そのものではなく、特定の戦争や特定の命令を拒否する行動を「選択的兵役拒否」という。わたしたちはカン・チョルミンという選択的兵役拒否者にはじめて出会ったのだった。

しかし、実は歴史上存在した兵役拒否者のほとんどは選択的兵役拒否者である。兵役拒否者が最も多く現れた時期も戦争が実際に起こったときである。ほかのひとが自分を殺すやもしれず、自分がほかのひとを殺さねばならないかもしれない状況にあっては、必ずしも平和主義者でなくとも良心の声に耳を傾けるようになる。ベトナム戦争当時、三万人以上いたアメリカの兵役拒否者たちもほとんど選択的兵役拒否者だった。人気ドラマ『ゲーム・オブ・スローンズ』の原作者であるジョージ・R・R・マーティンもベトナム戦争当時、兵役を拒否した。かれは後年のインタビューにおいて、ナチスと戦った第二次世界大戦であれば入隊しただろうが、ベトナム戦争はアメリカが回避することのできた戦争だったため、兵役を拒否したと明らかにした。このように、戦争の時期に大挙して現れた選択的兵役拒否者は、兵役拒否が大衆的な平和運動として拡散しうる潜在力を顕在化させもする。わたしたちはカン・チョルミンが背負わねばならない歴史の重圧を懸念しながらも、かれの宣言を心の底から嬉しく思った。

だが、カン・チョルミンとの籠城は長くつづかなかった。二〇〇三年一一月二八日、カン・チョルミンは約一週間つづいた籠城を終わりにした。そして、当時の盧武鉉(ノ・ムヒョン)大統領に面談を要請し、青瓦台へ行進していたその途中で警察に連行され、結局ほかの兵役拒否者と同じように実刑一年六ヶ月を宣告された。控訴審の判事は「実定法上、処罰せざるをえないが、カン・チョルミンくんの行動は必ずや歴史が評価してくれるだろう」と述べた。

結果的にみれば、カン・チョルミンの兵役拒否は韓国軍のイラク派兵を阻止したり、それを遅延させたりすることはできなかった。ザイトゥーン部隊は予定通り派兵されて活動し、二〇〇四年には韓国人のキム・ソニルがイラクの武装グループに拉致され、斬首される悲劇的な事件も発生した。だが、カン・チョルミンの兵役拒否は、上命下服の原則を忠実に守り、一心不乱に動く軍隊という集団にも、自分の良心をどうしても無視できない人間が存在しているということを韓国社会に教えてくれた。そのおかげで、わたしたちはどうしても暴力に賛同できない普通の人びとの良心がどのように働くのか理解することができた。

　カン・チョルミンが打ち上げた小さな平和は、兵役拒否とは戦争に抵抗する直接行動であるという事実を全身で経験させてくれた。オ・テヤンを支援したときの自分は深い考えもなく、ただ兵役拒否者を監獄に閉じ込めてはならないということ、つまり、良心の自由を保障せよというかれの訴えに心を動かされたとするなら、カン・チョルミンの側でかれと共にいた経験は、兵役拒否が戦争を防ぐための実践であるということを、監獄にいくことでその不当性を知らしめる市民的不服従であるということをはじめて体験させてくれた。

　カン・チョルミンに出会ったあと、わたしは直接兵役を拒否するほうへはっきりと気持ちが傾いた。兵役拒否にどのような社会的意味があるのかという質問に対する答えがずっと喉につかえた異物のように引っかかっていたわたしにとって、カン・チョルミンの登場は衝撃であり、確信をもたらすものだった。カン・チョルミンの兵役拒否を目の当たりにし、わたしは兵役拒否が戦争と暴力に対する積極的な抵抗となりうるという事実を確信しはじめたのだ。

6. 多様な「臆病者」の登場

二〇〇一年のオ・テヤンの兵役拒否宣言以降、少しずつ、しかし、途絶えることなく兵役拒否者が現れた。初期の兵役拒否者は主に活動家のなかから出てきた。オ・テヤンは仏教信者であると同時に、修行共同体を志向する仏教系の市民団体である浄土会で「北朝鮮の子どもを助ける運動」をしていた平和活動家だった。同じ民族の同胞に銃口を向けることはできないと主張し兵役を拒否したユ・ホグンは、民族主義系列の学生運動団体の活動家だった。ナ・ドンヒョクもマルクス・レーニン主義を標榜する学生運動団体の活動家だった。

この三人は、それぞれの性格がちがっているのと同じくらい関心も異なっていた。ナ・ドンヒョクの話によれば、代替服務制の導入のために何をすべきか話し合うときも、オ・テヤンは医療施設や老人施設へいって奉仕活動をしようといい、ユ・ホグンは船に乗って延坪島（ヨンピョンド）など南北の境界地域へいき、平和のためのパフォーマンスをしようといっていたが、かれはどちらの提案にも特にピンとこなかったという。それぞれ気質も、思想も、良心も色とりどりの兵役拒否者の三人が集まり、互いに自分が関心のある活動をやろうと一生懸命説得し合うのだが、だれもほかのひとの意見を聞く気がない場面を想像すると思わず笑ってしまう。オ・テヤンやユ・ホグン、ナ・ドンヒョク以降も、多くの兵役拒否者が現れ、かれらに引けを取らないくらい多様な人間が多様な理由で兵役を拒否した。

宗教に関わっている青年たちがもっともはやく反応を示したのは、ある意味では当然のことだった。オ・テヤンにつづき、韓国大学生仏教連合会の活動家だったキム・ドヒョンが宗教的な信念にもとづいて兵役を拒否すると宣言した。銃を持ち、殺人の訓練を受けた手で子どもを教えることはできないと考えた初等学校の教師キム・フンテも仏教信者だった。

カトリック教会からも兵役拒否者が現れた。青少年の頃まで神父になるのが夢だったコ・ドンジュは、ユ・ホグンの兵役拒否の情報をニュースでみて兵役拒否について知り、結局かれ自身も兵役を拒否した。コ・ドンジュの兵役拒否を契機として、カトリック教会内部では韓国の教会のあり方や兵役拒否について真剣に省察し、討論する機会が設けられた。ウリ神学研究所、天主教人権委員会、ソウルカトリック大学生連合会が先頭に立ち、カトリック教会内部の論争に火をつけた。カトリック教会の「正戦論」に関連する教理の解釈をめぐって議論が沸き起こり、カトリック教会では第二次バチカン公会議の重要文献である「司牧憲章」七九項に兵役拒否を認め、代替服務の必要性を説いた句節があるということが新たに議論となった。コ・ドンジュの影響を受け、ソウルカトリック大学生連合会で一緒に活動していたペク・スンドクが兵役拒否を宣言し、その後ホン・ウォンソクがカトリック教会の兵役拒否を継承した。

キリスト教徒からも兵役拒否者が現れた。平和活動家とも人脈があったパク・チョン・ギョンスが兵役を拒否し、キリスト教の進歩的な雑誌媒体である『福音と状況』に掲載されたパク・チョン・ギョンスの記事を読んだイ・サンミンも兵役を拒否した。イ・サンミンが監獄に収監されたとき、イ・サンミンの友人として後援会長を務めたチョ・ソンヒョンは、のちに予備軍訓練[†36]を拒否し、かれの知り合いだったキム・ヒョンスもまた、予備軍訓練を拒否することを考えているときに、チョ・ソンヒョンの消息を聞いて決意を固めた。障害者の人権問題の活動家であるクォン・スヌク、神学大学生会長だったハ・ドンギなども、キリスト教徒として兵役を拒否した。兵役拒否者ではないが、韓国のキリスト教系列の兵役拒否者たちの話のなかで何度も言及される名前がある。すなわち、キリスト教共同体「開拓者たち」の創立を主導したソン・ガンホ前代表である。この共同体は世界の紛争地域で平和について語り、ボランティアと宣教活動を継続的に実施した。チョ・ソンヒョン、キム・ヒョンスなど、何人かのキリスト教の青年たちはソン・ガンホの講義を聞き、兵役拒否について深く考えるようになったと語った。

宗教系列の人びとのように、はっきりとしたかたちで現れているわけではないものの、もうひとつ注目すべき流れがある。初期の兵役拒否者たちは軍人を英雄化する軍事主義に抵抗したが、他方で兵役拒否者自身が反軍事主義の英雄男性になった。監獄を恐れず、社会的な非難に打ち克つ強い信念をもった人びとだと認識されたからである。たしかに、初期の兵役拒否者たちの所見書をみると、柔らかな言葉を駆使しながらも、確信に満ち溢れており、自分の信念や良心に確固たる自信をもっている。そうした状況のなかで現

†36　約二年の現役服務を終えた人びとは軍を除隊し予備役に転役するが、予備役の人びとを有事の際に迅速に兵力として動員できるよう継続して実施される訓練を指す。現在では現役服務後、八年間にわたって予備軍訓練を受ける必要があるが、一年目から四年目までは年に一度二泊三日の訓練（学生の場合、学生予備軍として一日八時間の訓練）を、五、六年目は一日で八時間の訓練を受けることになっている。

れた兵役拒否者ユ・ミンソクは、新たな衝撃を与えた。

ユ・ミンソクにはじめて会ったとき、わたしは思わず「こんなひとでも兵役拒否をやっていけるのか?」と思ってしまった。戦闘警察に服務していたユ・ミンソクは、ある進歩政党の活動家をとおして「戦争なき世界」に相談を要請してきた。わたしたちはこの進歩政党の事務室ではじめて会った。ユ・ミンソクは前述した兵役拒否者たちとはちがっていたのだが、何より自分が兵役拒否者として十分な素質があるのか自信がない様子だった。オ・テヤンやユ・ホグン、ナ・ドンヒョクは、丁寧で謙遜する態度や言葉つきのなかにも自信や確信のようなものがはっきりとあった。知ることのできない未来に対する恐怖もあっただろうが、その恐怖に打ち克つことができるという強い自信がうかがわれた。それに対し、ユ・ミンソクは過剰なまでに気が弱く、控えめな性格のようにみえたが、それは慇懃や謙遜とはまったくべつのものだった。ユ・ミンソクは自分の不安や身震い、そして何より気弱さを隠したりはせず、むしろそれを兵役拒否の言語として活用した。戦争英雄(軍人男性)と平和英雄(兵役拒否者男性)というふたつのカテゴリーのうち、どちらにも属さない自分の柔弱さや気弱さが、つまり、「男らしく」ない繊細さがユ・ミンソクにとっては兵役拒否の理由であり、兵役を拒否する方法だったのである。ユ・ミンソクは、クィア・フェミニストとして既存の兵役拒否者の男性たちとはべつの自己認識とそのアイデンティティを肯定した。

いまでこそ、兵役拒否運動においてフェミニズムの観点が重要だということは常識と考えられているが、兵役拒否運動がはじまったばかりの二〇〇〇年代初頭には、わたしを含めて多くのひとが兵役拒否運動をフェミニズムの観点から展開していくということがいったいどういうことなのか、明確には理解できていなかった。そのような状況においてユ・ミンソクの兵役拒否は、兵役拒否運動の言語がどのようにフェミニズムと出会うことができるのかを理解させてくれた。ユ・ミンソクは、兵役拒否を宣言するなかでつぎのような所見書を発表した。

臆病で不器用なわたしの気弱さは、信念にしたがう兵役拒否の根拠としては、もしかすると、不十分なのかもしれません。（……）男性的な価値観を強要する軍隊における経験をとおして、反作用的に理解するようになった繊細なアイデンティティと、わたしのなかの、また、わたしが正しいと考える、そのような女性性が、決して恥ずべきことではないのであれば、臆病で他人を殺す練習をしなければならないシュミレーションの軍事訓練のときでさえ、手が勝手に震える、いまだほかのひとたちには見慣れない部類の「女々しい男」は、そのような「セクシュアルマイノリティ」として体験してきた男性化された兵営文化の病弊と、好戦的で攻撃的な男性性を再生産する軍隊という「本物の男」になるための通過儀礼を、拒否しようかと思います。

［ユ・ミンソクの兵役拒否所見書（二〇〇六年三月六日）より］[*7]

この所見書を読んで、これからの兵役拒否運動の方向性がより一層明確になった。兵役拒否運動が志向するフェミニズムは、女性活動家たちがマイクを握って司会を務め、発言するだけにとどまらず、軍隊と軍事主義が再生産する性差別主義に立ち向かわなければならないという事実を再度理解した。

ユ・ミンソクの登場以降、多くの兵役拒否者が勇敢でもなければ強靭でもない自分の姿を、いいかえれば、いわゆる「男らしく」ない自分の姿を否定せず、その弱さの磁場のなかにおいて兵役拒否について思考しはじめた。こうした思考のあり方は、宗教的な理由や社会運動的な理由を根拠としたりする兵役拒否のように組織的な形態を取りはしないが、兵役拒否について悩むひとたちのなかに自然と流れ込んでいった。自分の身体に刻印された男性性に対する省察を兵役拒否の核心的な根拠として提示したひょんみんやキム・ギョンムクの所見書が代表的だ。[*8] かれらは暴力に対する恐れを包み隠さず、恥ずかしがりもしなかった。

わたしは、恐れこそ勇気の最も重要な要素であると考えている。暴力を恐れないひとは、勇敢な人間なのではなく、勇敢なふりをしている人間だ。かれらは自分のなかの恐れを隠すために、むしろ暴力的な態度を取る。本当に勇敢なひとは、自分に降りかかる暴力のみならず、自分が行使する暴力をも恐ろしいと感知し、その恐れをとおして暴力について考察することができる人間であり、恐れを感じながらも、その恐れ自体を真正面からみつめる人間である。恐れを認めることは、暴力に対する省察を可能にする最も重要な力である。

兵役拒否の理由と同じくらい、拒否のタイミングや形式も多様化した。その口火を切ったのは、イラク派兵に反対し現役軍人の身分で兵役を拒否した二等兵カン・チョルミンだった。入隊前、兵役を拒否するかどうか悩んだ末に、銃を持たないで済む義務警察に志願したイ・ギルジュンは、服務中、米国産の牛肉の輸入に反対するキャンドルデモ[†37]と対峙する。集会に集まった市民をみえないところで殴れという命令にそのまま従うこともできなければ、それを拒むこともできないでいたかれは、対デモ鎮圧用の制服のなかですすり泣き、「わたしのなかにある人間性が真っ白に燃え尽きてしまったよう」な日々を送りながら、結局、兵役拒否を決心する。[*9] また、軍隊から帰ってきたあと、予備軍訓練を拒否するひとたちも現れた。チョ・ソンヒョンやキム・ヒョンスは、入隊前にも兵役拒否をするか悩んだが、さまざまな事情により入隊し、除隊したあとで予備軍訓練を拒否する兵役拒否者になった。

かれらは入隊後に考えが急激に変わったというよりは、どうしても従うことのできない命令や軍隊の決定に直面したり、入隊前からもっていた兵役拒否に対する考えがより一層確固たるものとなり、兵役を拒否した。一方では、かれらが一度は入隊したという事実だけを強調し、ころころ変わってしまうような心を良心といえるのかと非難するひともいる。だが、かれらの存在こそ、個人が国家暴力を前にして良心を守ることがどれほど難しいことなのか示す証拠である。したがって、容易に瓦解したり、屈伏したりしてしまうわたしたちの良心を社会的に守り抜いていくことがどれだけ大事なのかを示す事例でもある。

当然のことながら、兵役拒否者たちの多様な良心は、いまこの時代の暴力とかち合う。二〇〇〇年代初頭にはイラク派兵とキム・ソニルの死が、二〇〇〇年代中盤には平澤米軍基地の移転に反対する集会に対して政府や軍隊がみせた暴力性が兵役拒否者の良心を揺さぶり、二〇一〇年代に入ってからは、龍山惨事[†38]や双竜自動車労働組合のストライキ[*39]において追いだしの対象になった人びとや労働者に無慈悲に行使された公権力の暴力が、兵役拒否者の決心を確固たるものにした。二〇一〇年代中盤以降には、セウォル号沈没事件[*40]か

†37　二〇〇八年、当時アメリカが韓米自由貿易協定（ＦＴＡ）批准の前提として要求していた米国産牛肉の全面開放を李明博政権が受け入れ、両国間の交渉が妥結した。これに対し、市民のあいだで米国産の牛肉の安全性に対する懸念が広がり、大規模なキャンドルデモが幾度も開かれた。

†38　二〇〇九年一月二〇日、ソウル龍山区で立ち退き対象になった四〇人余りが強制排除に反対するために建物の屋上で籠城をしていたところ、警察の鎮圧過程で大規模な火災が起こり、多数の死傷者が発生した事件を指す。

†39　二〇〇九年四月、双竜自動車が二六〇〇人余りの正規職員と三〇〇〇人余りの非正規職員の解雇を発表すると、同年五月二二日、これに反発した会社の労組が工場を占拠した事件。最終的に、会社側が警察の機動隊などによる鎮圧を強行したことによって事態は終結した。

†40　二〇一四年四月一六日、修学旅行中の安山市檀園高等学校の生徒を乗せた旅客船セウォル号が沈没し、多数の乗客が死去、行方不明になった事件を指す。

ら国家の役割について真摯に考え抜いた結果が兵役拒否につながってもいる。

男性性に対する省察、軍隊や戦争がもたらす無垢な人びとの犠牲、公権力の暴力性と無責任さにいたるまで、兵役拒否者が社会に投げかけた数々の問いは、ずっしりとした重みをもっている。この重みのある問いを前にしたとき、兵役拒否という行為がややもすれば崇高なものにみえもする。しかし、兵役拒否者が実際に経験してきた現実的な軋轢は、崇高さとはほど遠いものだった。「人生は実戦」という冗談[†41]のように、多くの兵役拒否者が最も苦しんだのは、崇高な価値をめぐる社会的な軋轢ではなく、自分の生において最も親しい者たちとのあいだで起こる目の前の軋轢であった。

7. 父は朴露子（パク・ノジャ）[†42]を読みはじめた

兵役拒否者はなぜ自分が兵役を拒否するのか、軍隊を拒否することがどうして平和につながるのか話し、理解してもらいたいと思う場合が多い。だが、記者たちは主に兵役拒否者が経験する周囲との軋轢について聞きたがる。

記者たちによく聞かれる質問は大きく分けてふたつだ。ひとつ目は、兵役拒否を決心した特別な理由やきっかけがあるのか、いいかえれば、どのような周囲との軋轢が兵役拒否を決心させたのか尋ねられる。ふたつ目は、兵役を拒否するといったとき、周囲の人びとの反応、特に親の反応がどうだったのかを必ず聞いてくる。わたしはこれらの質

†41　韓国においてしばしば引用される格言めいた言葉。「人生には大小の争いがつきものだ」というニュアンスがある。

†42　現ノルウェーのオスロ国立大学教授。韓国で著名な進歩的知識人のひとり。もともとはロシアのサンクトペテルブルク出身で本名はウラジーミル・ティホノフ（Vladimir Tikhonov）。二〇〇一年に韓国籍を取得した。韓国の兵役拒否運動草創期から兵役拒否運動を擁護する姿勢を示すとともに、徴兵制批判もおこなった。

問をよいものだとは思わない。兵役拒否者たちが本当に話したいと思っていることから目を背ける質問だからであり、何よりも兵役拒否者に対する韓国社会の偏見（兵役拒否者はどこかおかしく憐れな人間であり、それゆえに「正常な」生から逸脱した選択をし、周囲のひとたちとも折り合いがつかないのだろう）がそのまま反映されている質問だからだ。それでも質問に対しては、にこにこした顔で誠心誠意答えはする。偏見を打ち破ろうとするならば、偏見に向き合うしかないときもある。

ひとつ目の兵役拒否を決心したきっかけに関する質問は、兵役拒否者たちが答えにくい質問である。ほとんどの場合、兵役を拒否するにいたった特別な理由やそのきっかけとなった周囲との軋轢などを特定することはできないからだ。軍服務中に命令を拒んだり、ある戦争を認めることができず、兵役を拒否する人びとは、比較的特別な理由やきっかけがあるほうに属する。エホバの証人の信者など宗教的な理由がある場合、記者たちはいちいちそのような質問を投げかけたりはしない。記者たちは、それ以外の兵役拒否者に必ず兵役を拒否するにいたった契機について尋ねる。だが、実際には特別な契機があったというよりは、ああでもないこうでもないと悩みながら、兵役拒否を決心してはまた逡巡し、再び決心するといった過程を反復するなかで、いつの間にか兵役拒否者になっているという場合がほとんどである。

悩みは、自分のなかにある良心についてのみならず、親や周囲の人びととの関係や、いまやっている仕事に及ぼす影響、出所後の仕事に関する不安にいたるまで、ありとあらゆる物事が複雑に絡みあったまま持続する。まるで、少しずつゆっくりと色づく木の葉の変化に気づくことができず、ある日の朝、木が赤くなったのをみて、一瞬で紅葉に染まったと感じてしまうように、兵役を拒否するという決心もゆっくりと進行し、ある瞬間に感知されるものである。したがって、兵役拒否を選択した特別なきっかけや理由を話すということは、大河小説のあらすじを一文で要約するのと同じように不可能なことなのだ。わたしも記者からそうした質問をされたが、回答が行ったり来たりして長くなり、あとで記事を確認したときにはめちゃくちゃな内容になっていたことがあった。

親の反応を尋ねるふたつ目の質問については、兵役拒否者一人ひとりがちがう感覚を覚えるだろう。親子関係がそれぞれ異なるからである。似ている点があるとすれば、大多数の兵役拒否者にとってこの問題は、兵役拒否を悩むとき、最もつらい問題であり、場合によっては自分の良心について悩むことよりも大きな比重を占めざるをえない問題だという点である。二〇〇〇年代初頭、兵役拒否運動がはじまったばかりの時期の兵役拒否者たちにとって親との軋轢は、耐えがたい重圧としてのしかかってきた。当時、韓国社会における兵役拒否に対する理解は全般的に広まっていなかったのだから、これはある意味では当然のことだった。賛成・反対どころか、兵役拒否という単語さえはじめて耳にするひとが多かった。見聞きしたこともない兵役拒否ということを子どもがやるというのだから、みんながいく軍隊にいかないというのだから、軍隊の代わりにみずから進んで監獄へいき、一生前科者として生きるというのだから、それを簡単に受け入れる親はいなかった。極まれに兵役拒否運動を支持する親もいたが、そのようなひとであっても自分の子どもが監獄にいくのを喜ぶはずがなかった。

初期の兵役拒否運動を主題にしたドキュメンタリー映画『銃をもたぬ人びと』[†43]を観ると、オ・テヤンが笑顔で「母さん、心配しなくていいよ」といいながら、法廷の扉を開けて中に入っていったとき、「わたしが育てた子どもなのに」と嘆きつつ、嗚咽する母親の姿が出てくる。当時、その場面と同じような出来事はざらにあった。誠実な自分の息子は軍隊でも問題なく生活を送っていることだろうと何の疑いもなく信じていたカン・チョルミンの母は、かれが籠城していたキリスト教会館にやってきて床に頭をつけながらむせび泣いた。イ・ギルジュンの父は、目に入れても痛くないほどに息子をかわいがっており、自分がやりたいように生きよといって自由放任な育て方をしていたが、ひとりしかいない息子が監獄へいく姿をただ眺めていろというのかと、自分の苦しみを訴えてきた。のちに「戦争なき世界」の活動家たちを厚い心でもてなしてくれたが、当時は恨みつらつらだった。

わたしはとても運がいいほうだった。べつの兵役拒否者に比べれば、親との軋轢はほとんどなかった。親は二、三度くらい、やっぱり軍隊にいくほうがいいんじゃないかといってきたが、出所後に直面することになるであろう状況を心配していただけで、軍隊には必ずいかなければならないと強要することはなく、わたしの決意が固いということを知ったあとは尊重してくれた。もちろん、「戦争なき世界」で仕事をするのを快くは思っていなかった。両親はわたしが毎日ボランティア活動ばっかりやっていると不満に思っていたが、その都度「母さん、父さん、息子はそんなに善良な人間じゃないって。ぼく

†43　原文情報を示せば、김환태 감독〈총을 들지 않는 사람들: 금기에 도전〉（キム・ファンテ監督『銃をもたぬ人びと――タブーへの挑戦』）二〇二一年公開。本作品は、第一二回DMZ国際ドキュメンタリー映画祭（二〇二〇年）で最優秀韓国ドキュメンタリー賞を受賞した。

はボランティア活動なんてやらないよ。ヒト助けなんて関心ないよ。好きでこの仕事をやっているんだよ」と反論した。これも軋轢といえば軋轢なのだが、親との激しい確執のせいで、結局、兵役拒否を断念した多くのひとたちのことを考えれば、軋轢とはいえないだろう。わたしが兵役拒否運動をつづけることができたのも、親がわたしの兵役拒否を、兵役拒否運動を尊重してくれたからなのかもしれない。そのおかげでわたしは自分のエネルギーを完全に平和運動だけに注ぎ込むことができた。

一方で、考えてみれば、兵役を拒否するという子どもを眼差す親の心も、兵役拒否者の心と同じくらい複雑だったのだろう。現実的に複雑な状況におかれてしまった親もときにはいたが、ほとんどの場合、純粋に子どもを心配していた。ここでいう親の心配とは、だれもが入る軍隊にいかないことで経験する差別、「極悪人」の巣窟である監獄での生活、出所したあとも一生戸籍に赤字の線が引かれたまま、前科者として生きていかなければならないことに対する心配だった。みんな、国を守る軍人として駆りだされるくらいには成長した大人なのだから、兵役拒否者たちの人生は自分で案じ、自分で責任をもてばいいのだが、親にとって子どもというものは、いつも自分の胸のなかにある存在だった。だからこそ、大の大人の人生にも介入したがるのではないか。親の介入と心配には、明らかに家族主義や家父長制の痕跡が色濃く刻まれているが、その感情をすべて家族主義や家父長制の機能というだけで説明することはできないとも思う。愛するひとが苦痛を受けたり、しんどいことを経験するとき、痛みを共有し、その生によい影響を与えてあげたいと思う心は、家父長制や家族主義の外部にも存在する普遍的な感情だからだ。多くの兵役拒否者が自分の人生に過度に介入しようとする親と争いながらも、どうしても無視できずしんどい思いをするのも、その心が理解できるからだろう。避けられもしなければ、楽しいことでもない親との軋轢に、兵役拒否者が対処する方法を大まかに分けてみれば大きくふたつある。どうせ解決しようのない苦痛なのであれば、その期間を短く終わらすのがよいと考えるひとは、入営日の公開記者会見で兵役拒否を宣言したあと、はじめて親に知らせるやり方を選択した。すでにあと戻りできない状況なので、苦痛を感じる時間は短くなるが、その分ショックは大きい。

べつの方法は、これとは正反対だ。兵役拒否をする前に、あらかじめ自分の選択について話すというものである。この方法は、親を説得したり、親に説得される結果につながった。その過程で兵役拒否者たちは説得のノウハウを共有しもした。極めて現実的なそのノウハウとは、国家人権委員会（国家人権委員会でなくとも、国家機関のマークが貼られた）書類封筒を買い、その封筒に兵役拒否についての資料を入れて渡したり、親の目に適切だと映る団体が主催する兵役拒否関連討論会に参加し、国会議員とともに写真を撮って送ったりすることだった。一種の権威を利用するやり方なので、自分の選択を完全に理解されるわけではなかったが、兵役拒否者たちはそうまでしてでも親との軋轢を解決したがった。

わたしは二番目の方法を選択した。大きな軋轢はなかったので、積極的に悩み、選んだわけではなかった。親はすでにわたしが学生運動をし、兵役拒否関連の活動をしていることを知っていた。わたしは大多数の韓国の男性がそうであるように、親に親密に自分の悩みを打ち明けるタイプではなかったが、だからといって何かを隠しもしなかった。大雑把な性格上、おそらく隠そうとしても、隠しきれなかっただろう。デモをして帰ってきたカバンいっぱいにあふれるビラを、何の気なしに分別収集のごみ箱に入れていたのだから。

兵役を拒否すると直接打ち明けたのは、大学を卒業したあとだったが、状況的に親はすでにすべてを知っていたので、そこまで驚きはしなかった。しかし、予想していたおかげで驚くことはなく、突然の話にショックを受けることはなかったにせよ、子どもが監獄へいくことで心を痛めるのは、どの親でも同じことなのだという事実を知ったのは、監獄に入ってからしばらく経ったあとだった。親との関係のせいで苦悩する兵役拒否者に、わたしはいつもこういう。「親子間の葛藤は他人が解決できるものではありません。当事者が解決方法を探さないといけません。ただ、自分が確実にいえるのは、兵役拒否をしたあとに、多くの兵役拒否者が親との関係が前よりよくなったということです」。

実際にそうだった。二〇代前半から半ばの男性が親とかなり親密な対話をしたり、自分の生に関する真剣な悩みを打ち明けるケースは多くない。兵役拒否者もほとんど同じだ。わたしも大学時代、親と深い話をしたことはなかった。だが、兵役を拒否し監獄にいくなかで、親と多くの対話をするようになった。監獄にいく前には、親が兵役拒否を理解できるよう時間を費やした。監獄にいってからは、互いに手紙でやり取りをたくさんしたが、親はわたしが監獄にいっているのを痛ましく思っていたからであり、わたしのほうは兵役拒否者の堂々とした姿とはべつに、親が自分の監獄暮らしを案じてくれていることを申し訳なく思っていたからだった。心はしんどかったが、自然と互いを前よりも理解するようになり、関係もよりよくなった。出所したあとに知った事実だが、わたしが監獄にいっているあいだ、父は兵役拒否を理解するために、『あなたたちの大韓民国』(ハンギョレ新聞社、二〇〇一年)をはじめとした朴露子の本や文章を探して読んでいたという。

ほとんどの兵役拒否者は、自意識が明確でこだわりが強い。そうした性格ゆえに、兵役拒否を実践できたのかもしれない。しかし、ときには、そうした性格ゆえに周囲の人びとをケアしなかったり、自分の生や決断がだれの負担のうえに成り立っているのか気づけない場合も多い。その代表的な例が親との関係だろう。兵役拒否に反対する親を理解し、説得するために傾ける努力、胸に刺さったとげの痛みを汲みとろうとする努力によって、兵役を拒否することは、そうした関係について悩み、それを拡張していく契機にもなると思う。もちろん、あらゆる兵役拒否者が兵役を拒否するなかで親との軋轢を経験したり、必ず関係がよくなるわけでもない。すでに述べたように、一人ひとり状況も、親との関係もそれぞれだからだ。しかし、自分の兵役拒否がだれの尽力に負っているのか、だれの負担のおかげで兵役を拒否できたのか考えるならば、兵役拒否の経験自体が関係を省みる契機になる場合が多い。

出所直後、わたしの家族や友人は、わたしがかなり変わったという話をした。他人をおもんぱかり、関係を省みる感情労働の重要性を悟り、変わろうと努力したからだろう。

もちろん、その努力がどれだけ長く持続できたのかについて家族や友人がどのように考えているのか自信はないのだが。兵役を拒否したあと、水原（スウォン）拘置所に収監されているとき、一度親が面会にきたあと母から手紙が届いた。その手紙には、面会を終えたあと、父が泣いたという話が、祖父が亡くなったときさえ、泣かなかったあの父が、息子が監獄にいる姿をみて泣いていたという話が記されていた。手紙を読みながら、説明しがたい感情が胸の奥深くからあふれ出て、冷たい監獄の壁にもたれながら大泣きした。独房に収監されているときで本当によかった。振りかえってみれば、兵役拒否のおかげでわたしは親との関係、友人との関係を省みるようになった。一方では、その内省こそ、監獄生活の対価、いや、ある意味ではプレゼントとすらいえるのではないかと思う。

もちろん、だからといって、監獄生活が喜びにあふれた日々だったわけではない。

8. 兵役拒否者の賢い（？）監房生活[44]

時折、大学や地域の市民団体、たまに中高等学校や地方自治団体でも兵役拒否を主題に講演を頼まれることがある。それぞれの講演場所で多様な方々と出会うが、当然ひとそれぞれ関心も異なっている。だが、共通して興味を示す話もある。監獄生活についての話だ。なぜ兵役拒否をしたのか、特別なきっかけがあったのか尋ねてくる記者たちとはまるで熱度がちがう。昼食時間の直後におこなう講演は、退屈で居眠りをしてしまうのが普通である。そこで、ひとりかふたり、こくりこくりと居眠りをはじめたら、わたしはいつも監獄の話をしている。

「ベトナム戦争参戦勇士[45]のおじさんは、自分よりあとに入ってきたひとに対して乱暴を働いてました。それをみて、わたしが暴言を吐かずにきちんと話してくださいというと、こっちに向かってきたんです。もちろん、何も起こりませんでした。監獄で喧嘩をすると懲罰房に入れられますからね。朝鮮族[46]の密入国ブローカーをやって捕まったおじさんは、冬には風邪をひくといって身体を洗わないいんです。わたしたちの部屋に半月いたのですが、洗顔や歯磨きもせず、酷い臭いでした。日本でスリを働いて捕まったおじさんは、ブランド品が好きなんですが、自分のお金でブランド品を買ったのに、周囲のひとがいろいろいってくるなどとグダグダいっていました。そのひとはわたしに出所したら連絡しろ、スキルを教えてやるから日本へいって一緒にスリをしようといってきたりもしてました」。

こういう話をすると、居眠りをしていたひとも聞き耳をピンと立て、わたし自身も昔話に浸り、しばらく話をまくし立てたあとでわれに返るということがよくある。事実、多くの兵役拒否者が監獄の話になると、われもわれもと勢いよく話をする。『本物の男』

---

†44　シン・ウォンホ監督作品の人気ドラマ『賢い監房生活』（邦題『刑務所のルールブック』）が念頭に置かれている。本ドラマは緻密かつリアルに刑務所生活を再現しているとして評判が高い。

†45　韓国社会では、ベトナム戦争時に韓国軍の一員としてベトナムに派兵された兵士をしばしば「ベトナム戦争参戦勇士」、「ベトナム参戦勇士」などと慣用句的に表現する。

†46　日本による朝鮮植民地支配とその後の朝鮮半島の歴史過程のなかで中国に居住するようになった朝鮮人とその子孫を指す。主に遼寧や吉林、黒龍江などの中国の東北地方に居住している。二〇二〇年末基準で韓国に住む朝鮮族の人口は約一七〇万人となっている。

や『偽物の男』[†47]のように軍隊を背景にした芸能コンテンツをみるときは一言も話さないが、ドラマ『刑務所のルールブック』をみるときは、これはこうだ、あれはああだと知ったふりをしてさまざまな話をする。軍隊から帰ってきた男性たちが集まれば、軍隊でサッカーをした話をし、自分が過ごした部隊が一番しんどくてきつかったと神経を高ぶらせながら話すように、兵役拒否者たちも自分が過ごした監獄が最もきつかったといい、互いに自分がどれだけ苦労したのか競い合うように話したりする。わたしは収監中、べつの裁判を受けるためにいくつかの刑務所を経験したが、こうした競い合いが起きれば、つぎのように威勢よくいうようにしている。「おい、お前ら、監獄を一、二ヵ所体験したくらいで知ったかぶりするな」。すると女性活動家たちもつまらない話はやめろと面と向かって叱責する。兵役拒否者たちが監獄の話が出るたびに饒舌になるのは、予備役のひとたちが自分の軍生活に意味を付与したがるのと同様に、自分の監獄生活が意味のある時間であってほしいと望んでいるからかもしれない。兵役拒否者だからといって、かれらが軍服務者と特段変わった人間なわけではない。

兵役拒否者の収監期間は時代によって異なる。韓国社会全体が軍事化された兵営国家に生まれ変わった維新時代が兵役拒否者にとっては最も風当たりの強い時代だった。少なくとも三年が基本であり、最長七年一〇ヶ月に及び獄中生活をした。出所した兵役拒否者が刑務所の門を出る直前に、兵務庁から入営令状を再度持ってきて監獄へ連れていくこともめずらしくなかった。いまでは常識的に不可能だが、維新時代には非常識なことがとても多かった。無理やり訓練所に連れていき銃を渡し、銃を持つのを拒否すると殴打するという事例もあるが、その際、命を落とした兵役拒否者が知られているだけで五人はいる。以後、一九八〇年代から一九九〇年代までは実刑三年を宣告され服役し、兵役拒否運動がはじまった二〇〇〇年代に入り、兵役拒否が社会的イシューとして登場してからは実刑一年六カ月の宣告を受け、服役するようになった。

わたしは自分が拘束された日のことをはっきりと記憶している。二〇〇六年八月一七日、暑さが少しやわらいだ晩夏の金曜日、仁川（インチョン）地方法院富川（プチョン）支院で一審宣告公判が開

†47　『本物の男』は韓国MBCが放送した軍隊系リアリティ番組。芸能人らが実際に軍に入り、訓練所で生活する姿を追うというもので、社会的に大きな人気を集めた。一方、『偽物の男』は『本物の男』をパロディにしたYoutubeコンテンツで、著名なYoutuberやラッパーが過激な体力的・精神的訓練を受ける姿を映しだしている。こちらも再生数が数百万回数以上にのぼるなど、大きな話題を呼んだ。

かれた。判事はわたしに実刑一年六ヵ月を宣告し、わたしは法廷でそのまま拘束されて護送車に乗り、仁川拘置所へ向かった。法廷拘束は予想していたことだったので困惑したりはしなかったが、拘置所へ移送されるとき、その日の朝に世界が崩壊したかのような顔をして仕事に出かけていった母の顔が頭に浮かんだ。

事実、監獄生活について話すのは、非常に注意を要する。まず、兵役拒否者ごとに経験が異なっているはずなのに、ややもすれば、ひとの目には自分の経験が一般的なもののように映るのではないかという懸念がぬぐえないからだ。監獄生活はいつ、どこで、だれと過ごすかによってその経験は千差万別である。日常生活の面では、ひとつの部屋で寝起きする人びとの性格やその部屋の文化によって異なりもするし、在監者本人の性格やアイデンティティによっても経験のあり方が異なる。また、法務部の長官がだれなのか、刑務所長がだれなのか、保安課長がだれなのかが「刑の執行及び収容者の処遇に関する法律」より優先されもする。だからこそ、在監者の人権を擁護する人権活動家たちは、在監者の処遇を改善するために、該当事項を明確に法律と施行令によって規定し、改善していくことを重要視している。

兵役拒否者の経験は個々人によって異なっているが、明確な共通点もある。それは監獄が社会の縮図であるという事実である。監獄の外で不自由のない生活をしていたひとは監獄のなかでも不自由なく過ごし、監獄の外で差別され、排除されていたひとは監獄のなかでも差別され、排除される。端的な例を示せば、お金をたくさんもっているひとは監獄のなかでも優遇される。財閥のトップを引合いにだすまでもなく、領置金をいっぱいもっており、部屋のひとたちにちょっとしたお菓子でもいいからひとつずつ奢ってあげられるひとは、陰口をたたかれることはあっても、表面上では「社長さん、社長さん」と呼ばれ、優遇される。

ほかの社会的偏見は監獄のなかでも変わらず機能する。清州（チョンジュ）刑務所にいたときはエホバの証人の信者たちとともに生活していたが、そこでは身体検査を受けた直後に兵役を拒否したという二〇歳のひとが最年少だった。屠殺場でアルバイトをしていたというかれは、背が小さくかわいらしいスタイルをしていた。在監者たちは年齢も低く社会経験も少ないかれをぞんざいに扱う反面、かれより五歳年上でソウル大学を出たべつの信者に対しては非常に礼儀正しく接していた。監獄に閉じ込められているのに、大学の卒業証書に何の意味があるのかと思うだろうが、在監者たちはのちのち何か世話になることがあるかもしれないと思い、特に気をつかっていた。監獄のなかでも「男らしい」ひと、お金をたくさんもっているひと、学歴の高いひと、コネのあるひとは尊重され、「女っぽい」ひと、領置金のないひと、学歴の低いひと、面会もなく手紙も送られてこないひとは冷遇される。そうした監獄のなかにあって、兵役拒否者の位置は少し独特だが、そのなかでもエホバの証人の兵役拒否者とわたしのような政治的兵役拒否者ではまたちがっている。

監獄のなかでは刑が確定された在監者はみな、義務として仕事をしなければならない。懲役という語の意味を分解すると、「仕事をさせて（＝役）罰を与える（＝懲）」ということになる。在監者のさまざまな仕事のなかでも、刑務所が運営されるうえで必要不可欠な仕事をする場所として官用部（運営支援部）がある。官用部の仕事は炊事場や建物の掃除、領置（物品と金銭管理）、総務（書信と図書管理）などだ。官用部の仕事は刑務官がいる事務空間でなされる場合が多く、比較的業務環境がよい。簡単にいえば、夏にはエアコンと氷水があり、冬にはお湯を好きなだけ使うことができる。

当然、在監者たちはみな官用部にいきたがるが、望んでもいけるものでもない。官用部は刑務官たちの机の上に乱雑に置かれているタバコやナイフ、ハサミなど、刑務所内の禁止物品を簡単に手に取れるので、刑務官たちはそれらの物品を持っていかないと想定できるひとだけに官用部の仕事を任せていた。そういう理由から、嘘をいわず、変わった行動をしないエホバの証人の信者たちが官用部の仕事を受け持つようになった。これによってエホバの証人の信者は、一方ではみんながやりたいと思う官用部を独占しているという理由で在監者たちの羨望や妬みの対象になり、他方では抵抗したり、騒ぎを起こしたりせず、幼いという理由もあり在監者たちが乱暴を加える存在になる。

わたしを含めた政治的兵役拒否者は、エホバの証人の兵役拒否者と政治犯のはざまにいる曖昧な位置にあった。政治犯はほかの在監者たちに政治的な影響を与えるという理由で仕事をさせない場合が多かったが、それでも政治的兵役拒否者に仕事をさせるときは主にエホバの証人のように官用部の仕事を割り振っていた。だが、ほかの在監者や刑務官が政治的兵役拒否者に接する態度は、エホバの証人の信者に接するときとはちがっていた。良心的兵役拒否者は、大抵の場合、手紙も面会も多いほうだが、監獄のなかでは手紙や面会が多いことも権力として機能するからである。これは、民主化実践家族運動協議会（民家協）やカトリック人権委員会のように、監獄のなかでも有名な人権運動団体が良心的兵役拒否者に郵便物を送ってくれるおかげでもある。また、政治的兵役拒否者たちは、大抵の場合、高学歴で出身大学もよいほうだ。群山刑務所ではじめて炊事場の仕事をしたが、一緒に仕事をした四十五人のうち大学を出たひとは三人だった。そのうちふたりは、わたしとわたしの友人の政治的兵役拒否者で、大学はソウルにある四年制の学校だった。わたしたちは炊事場の仕事に手慣れていなかったので失敗もよくしたが、実際にやらかした失敗に比べて過度にいびられたりはしなかった。その反面、大学を出ていなかったり、年が幼い在監者など、ほかの在監者たちがみくびっているひとたちは、些細な失敗でもこっぴどく罵られることがあった。

監獄でのケアワークの性格もまた考察に値する点がある。兵役拒否者のひょんみんは、みずからの監獄生活をもとにした『監獄の妄想』（トルペゲ、二〇一八年）において監獄での労働がいかにジェンダー化されているのかについて卓越した分析を提示した。かれの分析によれば、人間が生きていくにあたって必要なケアワークは監獄が維持されるためにも必須だが、このケアワークの大部分が女性化されているという。その結果、監獄のなかでケアワークは必須作業なのにもかかわらず、男性性を毀損するものとして認識され、男性の刑務官と男性の在監者全員がその労働を避けようとするのだ。ひょんみんは、在監者が寝起きする収容棟のうち、鉄格子のなかに閉じ込められた在監者にさまざまな種類の物品や食事、薬を運ぶ「ソジ[†48]（収容棟掃除夫）」の役割に注目する。刑務官が在監者をケアすることは、刑務官の立場からすれば、在監者の秘書になること（女性化）を意味するために避けたいことである一方、在監者の立場からしても、世話をしてもらう無力な対象になること（幼児化）は、男性性を傷つけられることを意味するので避けたいことである。しかし、官用部の役割のうちのひとつであるソジがこの隘路を解消する存在になる。ソジをとおして刑務官と在監者は、各々自分の男性性を傷つけないまま、刑務所の運営に必須なケア労働を活用できるようになる。このようなソジの任務は、在監者にとっても、刑務官にとっても楽に割り振れる存在が好都合なので、主に年齢の幼い男性が担い、エホバの証人の兵役拒否者に割り当てられる場合も多い。

一方、監獄ではだれもがやるせない孤独感と寂寥感に心が傷つきもし、思いきり足を大の字に開いてストレッチをすることもできない極めて狭苦しい室内空間での生活と栄養不足によって身体を痛めもする。身体の苦痛が心の痛みにつながり、心の痛みが身体の苦痛として現れもする。在監者にとっては、きつい業務のせいで頚椎椎間板ヘルニア

†48　「ソジ」という呼称の起源は、日本の植民地時代の刑務所の「そうじ（掃除）」にあり、それが解放後も残って雑用夫という意味で「土着化」した言葉であるといわれている。

になったり、寒い冬の日にも暖房のない部屋の床で寝て顔面神経麻痺になったり、十分な防寒用品がなく、手足の先に凍傷ができたりすることもめずらしいことではない。これは兵役拒否者たちも同様である。もし菜食をするとするなら、健康を整えることは一層難しくなる。わたしの場合には水原拘置所にいたとき、かなり久しぶりに鼻血が出た。医務課にいくと、医者は実現不可能な処方をくだした。「水原拘置所の構造がアパート型なうえに窓が小さいので、喚起と通気がよくないんですよね。出所したり、監獄を移動しないといけません」。出所や移監をいくら希望したところで、それは自分の意志ではどうにもならないことだった。

兵役拒否者が経験する監獄生活は、時間が過ぎるのをただ我慢すれば済む生活ではないという点を話しておきたかった。運よく相対的にしんどくないとしても、監獄は監獄である。やるせない孤独感や寂寥感は二度と経験したくない。あらゆる兵役拒否者にとってそれは非常に強烈な経験であるため、監獄生活は多様なかたちで痕跡を残し、出所後にも影響を及ぼす。前科者となり、職業選択の幅が狭まるといったことはむしろ予想可能なことであり、ある意味では副次的な問題だ。

それより重要な問題は、監獄生活を経て身体と心の調子を崩してしまい、ときにはその傷が痕跡として残り、簡単には消えなくなるということである。その傷があまりにも深く、出所後「戦争なき世界」と連絡を絶つ兵役拒否者もいる。わたしがかれらの兵役拒否の代わりを務めてあげられないように、かれらの傷をわたしが癒してあげることはできない。兵役拒否者たちの心身に残った懲役生活という痕跡が、どうかそのときの傷跡が時間の流れとともに自然に美しい色彩を帯びるよう願うばかりだ。

監獄の話はどうしても暗い話にならざるをえないが、だからといって、兵役拒否者の監獄生活を憐憫の眼差しだけでみる必要もない。わたしはただの一度も自分の境遇を憐れだと感じたことはなかった。兵役を拒否したのは自分自身で考えて判断し、行動に移したことである。だからこそ、どういったことが起こるのか理解したうえで、この道を選択した抵抗者であると考えた。自分に分け与えられた生を生きるひとたちのことを可哀そうだと考えるのは無礼であり、無知である。

さらに、監獄のなかで自分が不利益を被るかもしれないと知りながらも、在監者たちの処遇を改善するために、さまざまな努力をしてきた兵役拒否者たちもいる。監獄内で菜食する権利について国家安全委員会の勧告を引きだしたり、さまざまな書類に個人の身体情報が盛り込まれたハンコを押させる慣行に問題を提起し、サインに変えさせたのは、すべて監獄生活を経験した兵役拒否者たちがつくりだした変化である。もちろんそれは兵役拒否者たちだけの努力ではなく、監獄の外のさまざまな人権活動家の助力と結び合わさった結果だ。

だれかにとってはひどいトラウマ、だれかにとっては過ぎ去ってみれば何事でもなかったこと。各自の体感温度によって千差万別に記憶されている監獄生活について、より多くの兵役拒否者に正直な話を聞かせてほしい。だれも兵役拒否を代わってあげられないように、監獄生活についても自分で話すしかない。監獄で経験した出来事を誇張したり、冷笑したりすることなく眼差し、話をすることができるとき、はじめて身体のみならず、心も監獄から出ることができるのではないだろうか。また、孤独による寂寞感が押し寄せてきた収監生活の新しい意味も発見できるかもしれない。

9. 兵役拒否を断念するということ

こんな運動団体は生まれてはじめてだ。「戦争なき世界」にいき、兵役を拒否したいといっても歓迎されない。「いったい何でそんなことをしようと思うんですか。もう一度考え直しませんか」となだめられる（ここには監獄行きという現実に対する考慮が働いている）。

——ひょんみん『監獄の妄想』、三二一頁。

まず誤解を解いておくと、「戦争なき世界」の活動家たちは兵役を拒否するために訪ねてくるひとをつねに待っており、歓迎している。もちろん、もう一度考えなおせと話すのも事実だ。歓迎しながらも再度慎重に熟慮してもらうのには理由がある。いくつかの経験をとおして兵役拒否がひとりの人間の生に与える重みをわたしたちが分担して背負うことはできないと切実に実感したからだ。

草創期の兵役拒否者のなかには、わたしのような学生運動団体出身者が多かった。わたしたちは入営令状が発付される前に予備兵役拒否宣言をした。二〇〇二年九月、学生運動団体の先輩だったナ・ドンヒョクが兵務庁の前で兵役拒否宣言の記者会見をしたとき、わたしをはじめとする一〇人程の大学生が今後自分たちにも入営令状が発付されるなら、われわれも兵役を拒否するとあらかじめ兵役拒否宣言をしたのだ。このなかの多くが実際に兵役を拒否したが、それができなかったひともいた。結果的に自分の宣言を覆すことになった人びとは、宣言を守れなかったという理由で心に大きな傷を負いもした。

予備兵役拒否宣言は、まだ軍隊を経験していない入営対象者の男性たちが兵役拒否について積極的に考える契機となったという点では成功だったが、その過程で予備兵役拒否宣言をした個々人が背負わねばならない重圧までは繊細に考えられていなかったという点でさまざまな人びとに傷を残した。当時わたしは、そしてほかの仲間たちも「良心」について深く考えておらず、その結果、その重圧を十分に予想することができなかった。組織や団体が責任を負うことはできず、兵役拒否者が完全に個人で耐え抜かねばならない領域があるということ、良心にしたがう個人の生が背負わねばならない重圧について熟慮したうえで活動しなければならないということを、そのとき学んだ。

それと似たような経験は「戦争なき世界」の活動初期にも繰り返された。兵役を拒否するといって訪ねてくるひとのうちの多くの者たちがいろいろ悩んだ末に、兵役拒否を途中で断念した。兵役拒否を決心し、人びとの前で宣言をしたあとで断念するひともいたし、あるいは兵役を拒否し、裁判を受ける途中で挫折するひともいた。予想以上に激しい家族との軋轢、監獄システムの冷酷さ（二〇〇〇年代中盤まで兵役拒否者は拘束された状態で裁判を受けた。兵役拒否者は当事者がみずから所見書を執筆し、公的な記者会見をとおして発表し、兵務庁にも所見書を提出するなど、証拠隠滅や逃亡のおそれがまったくないにもかかわらず、裁判所はつねに刑務官による拘束を許した）など、断念する理由はさまざまだった。その姿を側で見守っていると、兵役拒否について悩み、比較的早い段階で断念するひとより、兵役拒否の事実を外部に知らせたことによってさまざまな状況に直面するようになったあとで最終的に断念したひとたちのほうがより苦しんでいた。兵役拒否の事実を外部に知らせれば、そのときから兵役拒否が一個人の問題であると同時に、社会的な意味も帯びるようになる。そうなれば、当然断念することもまた個人的な行動であると同時に、社会的な行動になる。それゆえ、兵役拒否の事実を外部に知らせたのちに断念することは、ひとりの人間が背負わねばならない心の重荷が数段重くなることを意味せざるをえない。

兵役拒否を途中で断念し、非常に苦しむ人びとに何度も立ち会うようになるなか、わたしと「戦争なき世界」の仲間たちは、兵役拒否を考えているひとの相談を受ける際、以前よりも一層注意深く慎重にならざるをえなかった。兵役拒否を宣言し、監獄に閉じ込められ、出所後には前科者として生きていかねばならないということ。そのすべては、結局のところ完全に個人が耐え抜かなければならないのだが、相談を重ねるうちにこれを決して軽く考えてはならないという事実を強調しなければならなかったのだ。もう一度十分に考えて慎重に選択してほしいという言葉をかけるのも、そういう理由があったからだった。だとしても、相談を持ちかける立場からすれば、兵役拒否運動をしている団体がむしろ兵役拒否をするなといっているかのようにみえるので、当惑もしただろう。これまで、多くのひとたちが「戦争なき世界」を訪ねてきており、わたしたちの引きとめ（?）にもかかわらず、兵役拒否をするひとは少しずつ増えてきたが、実際には相談後に兵役拒否を断念したひとがそれよりはるかに多かった。そしてそれはある意味では幸いなことだ。

なぜあるひとたちは悩み抜いたうえでもあきらめず、あるひとたちは思い悩んだあげく、兵役拒否を断念したのだろうか？　兵役拒否を断念したひとたちの共通点を探すのは難しい。多くの場合、兵役拒否を断念すれば、それ以上「戦争なき世界」を訪ねてこなくなるし、継続的に「戦争なき世界」とつながっているとしても、なぜ断念したのか尋ねるのはばつが悪い。兵役拒否を断念したひとたちもべつの兵役拒否者と接しながらどこか申し訳なく感じている気配をみせる。

兵役拒否を断念せざるをえなかったひとたちに共通する理由を探すのは難しいが、逆に兵役拒否を断念しなかったひとたちの共通点は簡単にみつけることができる。最も大きな共通点は、かれらがそれぞれ自分を支持してくれるグループに属していたということだ。エホバの証人はいうまでもなく、エホバの証人以外の兵役拒否者たちも互いに同じグループに属していたケースが多かった。二〇〇五年、カトリック信者のなかで最初に兵役を拒否したコ・ドンジュと、二〇〇九年にカトリック信者のなかで二番目に兵役を拒否したペク・スンドクは、ソウルカトリック大学生連合会で一緒に活動した仲であり、二〇〇二年に兵役を拒否したナ・ドンヒョク、二〇〇四年に兵役を拒否したイム・ジェソンと、二〇〇五年に兵役を拒否したわたしは同じ学生運動団体出身だった。

共に活動した友人たちの支持は、自分が兵役拒否を決心するにあたって何よりも大きな力となった。それに関連してひとつ想起される場面がある。二〇〇二年秋のある日のことだが、その日はソウル大学で兵役拒否関連の文化祭を開催した日であり、当時わたしは一緒に学生運動をしていた仲間たちとそこへいった。その文化祭が終わったあと、ある友人がかけてくれた言葉がいまだに忘れられない。「ヨンソクを監獄に送ってたまるか。自分たちが頑張って活動して監獄にいかなくていいようにしよう」。さほどすごい言葉でもないし、儀礼的に気持ちを高めようとしていった言葉でもあるだろうが、友人の声から感じられた気持ちの本気度に胸がつかえそうになったときの感情は、いまでもはっきりと思い出せるほど強烈だった。わたしが兵役を拒否できたのにはその一言の力が大きかった。

ひとつのグループから次々と兵役拒否者が現れた理由は、兵役拒否者と実際に出会う経験がかきたてる感覚のためだろうと推測している。二〇〇〇年代初頭にも兵役拒否は韓国社会においてホットなイシューだったために、メディアや本をとおしていくらでもその情報を得ることができた。だが、本やニュースで兵役拒否者をみるのと、兵役拒否者の顔を実際に目にするときとでは、思っている以上に大きな感覚のちがいがある。文字をとおして接する兵役拒否者の情報やメディアをとおして目にする兵役拒否者の顔は、しばしば自分の生とは距離のある存在のように感じてしまうが、実際に会ったり、生の声をとおして接する兵役拒否者は、はるかに自分の生に直接的に問いを投げかけてくるからだ。入隊を控えた男性ならば、より一層それが自分の兵役拒否への問いとつながるはずである。もちろん、周囲にすでに兵役拒否をした者がいないからといって兵役拒否をできないわけではないが、兵役拒否者に直接出会ったひとが兵役拒否について考える機会がより多くなるという事実は否定しがたい。周囲でだれかの兵役拒否を直接目にしたり、兵役拒否を相談することができ、支持してもらえるグループが存在するということは、一個人が兵役拒否をする際の必要条件ではないけれど、非常に大きな影響を及ぼす要因にはなる。

そうした点で「戦争なき世界」の存在にも明確に意味があった。兵役拒否者たちは「戦争なき世界」をとおしてほかの兵役拒否者たちと出会い、互いの存在を確認することができるが、すでに述べたような理由でこれはとても重要だ。兵役について思い悩み、孤立した人びとは、つねに自分が異常でほかのひととちがっているのだと感じてしまう。「正常性」が欠落していると感じる数多くのマイノリティたちと同じように。「戦争なき世界」は兵役拒否者たちに自分と同じようなひとたちがいるという事実を知らせてくれる場所であり、互いの存在が温かな安堵感を与える場所だった。もしかすると「戦争なき世界」に訪ねてきた兵役拒否者たちは、相談をとおして知るようになる各種の情報よりも、自分がひとりではないという安堵感からより大きな力を得ていたのかもしれない。「戦争なき世界」を訪ねてこなかった兵役拒否者たちも教会やべつの社会団体など、さまざまなグループに属しているケースが多い。その集団のなかで自分なりに兵役拒否について考え、それを実践する過程を歩んでいく。また、それらのグループはその場に兵役拒否をしたひとがいないとしても、大多数の構成員が兵役拒否運動を支持するケースが多かった。兵役拒否に関する考えや悩みを安全に打ち明けることができ、兵役拒否という選択を支持してくれるだろうという確信を保証する共同体の存在は、兵役拒否者がじっくりと自分の良心の声に耳を傾けることができる環境をつくってくれる。臆病者、卑怯者、安保のフリーライダーという非難にさらされている兵役拒否者にとって、これは非常に大きな力になり、さまざまな困難にもかかわらず、最後まで兵役拒否を実践できる重要な動力になる。

ひとりの人間が兵役を拒否するにあたっては、自分で背負わねばならない負担に関してはすべて自分で耐え抜くことが重要だが、それだけでは決して十分ではない。だれも解決してくれず、ひとりで耐え抜かねばならない負担と同じくらい、ほかのひとたちが

兵役拒否を支えてくれたコミュニティ

背負ってあげないといけない負担もある。領置金のような金銭的支援から、兵役拒否に対する悩みを共有したり、監獄生活のなかで直面する孤独感に立ち向かい、ひとりではないという感覚を持続的に確認してくれる政治的支援にいたるまで、こうしたさまざまな援助がなければ、いくら固い信念をもったひとでも兵役拒否をつづけることは難しい。いいかえれば、共に兵役拒否を実践していくコミュニティが必要なのである。そのコミュニティは家族であるかもしれないし、友人であるかもしれないし、仲間であるかもしれない。

しかし、コミュニティの不在が必ずしも断念につながるわけでもない。しっかりとしたコミュニティがあっても兵役拒否を断念したひとはおり、コミュニティがなくとも完全にひとりで監獄生活を耐え抜いたひともいる。ただ、わたしはいつも兵役を拒否した人びとの心情と同じくらい、兵役拒否を断念した人びとの心情も気にかかる。かれらはなぜ断念せざるをえず、その過程でどのような傷が残ったのか。「戦争なき世界」が、活動家としてわたしがこれから何をできるのか。おそらく当事者は簡単にいいだしにくい話だと思うが、傷跡として残ったその痕跡からこれまでわたしたちが気づくことができず、見逃してきたことを発見できはしないだろうか？

10. 兵役を拒否できるひとがほかにいるだろうか？

「兵役拒否運動はプチブルの運動だ」。

ある社会団体の幹部がこういうことをいったと伝え聞いた。高校を卒業し工場に就職した若い男性労働者がはたして兵役拒否をできるのかという極めて現実的な文脈において出てきた話だったが、わたしはついこみあげてくる笑いを我慢できなかった。その言葉のせいではなく、そのひとの立場のせいだった。かれが所属していた団体もやはり、非常にプチブル的だったからだ。自分の足元さえみえていない洞察が残念に思えたが、言葉だけをみたとき、あながち間違った指摘でもなかった。実際に世界のさまざまな場所で兵役拒否者は中産階級の高学歴者である場合が多い。[*10]

歴史上、最も多くの兵役拒否者が現れたベトナム戦争の時期にも、白人大学生たちは戦争に反対し、兵役を拒否したのに対し、黒人など「有色人種」の労働者たちは一度入隊したあと、ベトナムに派兵され、戦争の本当の姿を目の当たりにし、脱走するというかたちで兵役拒否者になることが多かった。このようなちがいには、基本的に人種間の階級格差はもちろん、所得格差と教育格差という要因があった。やはり高等教育を受けたひとは本や周囲の人びとをとおして兵役拒否に接する機会が多いが、所得による教育格差が著しい社会であるほど、貧しいひとは兵役拒否者に出会う機会や兵役拒否についての情報を得る機会も相対的に少なくなる傾向をみせる。また、兵役拒否の良心を証明することは、基本的に高学歴者に有利だ。抽象的な自分の良心を論理的な言葉で説明することは、決して簡単ではなく、自分の考えと主張を論理的な言葉で展開する訓練を受けたひとが有利にならざるをえない。さらに、兵役拒否によって前科者になっても生活のことを心配しなくてもいい経済的・社会的基盤のあるひとが、そうでないひとに比べ、兵役拒否を決心しやすい。少ない所得で家族を養わないといけない状況ならば、どんなに強い平和主義の信念をもっていたとしても、兵役を拒否し監獄に入ることは難しい。こうした理由によって、多くの国において中産階級以上の高学歴者が兵役拒否者の多数を占めているケースが多い。

こうした問題は、わたしと「戦争なき世界」の仲間たちにとって悩みの種となった。ただでさえ、もとより兵役拒否運動は兵役拒否者の男性だけが「英雄」として目立ち、女性活動家は兵役拒否者を支持し後援する「助力者」としてみられやすいという弱点をもっているが、それに加えて経済的背景と学力格差にも目を向けなければ、兵役拒否は男性エリート中心の物語にならざるをえない。男性エリート中心の社会運動は必然的に不平等や差別に鈍感であり、自分が享受している特権を認知したり、省察することが容易ではない。これは平和主義者たちが追い求める兵役拒否運動の姿ではなかった。

実際、韓国の兵役拒否者の構成も外国と別段変わっているわけではなかった。エホバの証人を除外するとすれば、オ・テヤンの兵役拒否宣言以降に現れた兵役拒否者は、大学入試で上位を占める大学出身者がそれ以外の兵役拒否者より多い。外国と同様にこのような構成になったのには、高学歴者や有名大学出身者たちが兵役拒否に関する情報を得るのが比較的容易であるという側面も作用したであろうし、出所以後の稼ぎ口に関する問題も同じように影響を及ぼしたであろう。事実、兵役拒否を相談しにくるひとたちのなかには、出所後の経済活動や生活の問題について悩むひとが多いが、いわゆる名門大出身のひとたちは学歴や出身校の縁を利用し、比較的生活問題を解決できる道が多様なので、前科者になることを相対的に恐れない傾向がある。

すでに兵役拒否を支持し、さまざまな面で支援をおこなうコミュニティの重要性については述べたが、その点においても名門大学出身者は少し有利な傾向にある。韓国の学生運動の学歴主義を批判する文脈のなかで名門大学出身者の割合の偏りが指摘されることがあるが、これは兵役拒否とも関係する。オ・テヤンの兵役拒否宣言以降に現れた兵役拒否者は、よい大学の出身で学生運動団体に所属していたり、その延長線上で社会運動団体の活動家だったりすることがほとんどだった。オ・テヤンは仏教の信者であると同時に、北朝鮮の子どもを助けるための運動を展開してきた平和運動家であったし、それ以降に現れたユ・ホグン、ナ・ドンヒョクも、南北統一運動をしている学生運動団体やマルクス・レーニン主義学生運動団体の活動家だった。わたしもこうしたカテゴリーの典型的なケースだったが、この問題は兵役拒否運動が抱える難問であると同時に、わたしの個人的な悩みでもあった。

このように、韓国の兵役拒否者たちが拠って立つポジションもまた、兵役拒否運動が歩んできた歴史の限界のなかにあった。わたしたちはこの問題を認識し、克服するために努力した。プチブルだけの運動になってはいけないが、だからといって、プチブルの兵役拒否に意味がないわけではない。したがって、この問題を克服するための試行錯誤は、多様な人びとが多様な理由で兵役を拒否できるように、多種多様な兵役拒否の声をより一層積極的に示していく方向に焦点を絞った。非典型的な兵役拒否の事例を伝えることや新たな兵役拒否の言語を探しだすことに力を注ぐことは、そのような努力の一環だった。

このようにして表に現れた声の主人公は、つぎのような人びとだ。自分は鎌仕事を学ばないといけないのに、なぜ銃でひとを殺す方法なんか学ばないといけないんだと主張し、兵役を拒否した農夫、社会から要求される男性としての役割になじめず、軟弱だとみなされる自分のなかの女性性を肯定するフェミニスト、暴力が蔓延する軍隊のシステムと文化を恐れる芸術家、イエス・キリストの生にしたがおうと努力するキリスト教信者やカトリック信者、動物に対する社会の暴力に反対し、その延長線上において兵役を拒否する動物の権利運動の活動家、そして過去にはおそらく「兵役忌避」と呼ばれていたであろう、論理的な言葉では兵役拒否の理由を説明できないが、監獄にいくことになっても軍隊にはいかないと主張する兵役拒否者などである。

兵役拒否者の姿は、確実に多様化してきた。そして、こうした人びとは兵役拒否による収監生活を経て出所したあとにも、社会の多様な領域でそれぞれの生を開拓していっている。どこかの団体の活動家や研究者の比率が高いのは事実だが、医師、農夫、物流労働者、舞台演出家、塾の講師、弁護士、プログラマー、映画監督、配達ライダー、バリスタ、社会的企業家など、実に多様な道をそれぞれの領域で歩んでいっている。

このような広がり方は、兵役拒否者たちの多様な良心に注目し、新たに兵役拒否を準備するひとたちと共に兵役拒否宣言をつくっていき、ひとつひとつの兵役拒否に社会的な意味を付与しようとする努力のおかげでもあったが、一方ではとても自然な過程でもあった。兵役拒否は基本的に個人の良心にもとづいた実践だからだ。過去の社会運動は構成員間の同質性を基盤に強力な力を発揮する反面、非同質的な人びとに対しては排他的な側面をもっており、そのせいで新たな集団やアイデンティティをもったひとたちが社会運動に入り込みにくい問題があった。それに比べ、兵役拒否運動は同質性を基盤にした組織の目標よりも、個々人の良心が重要視される社会運動だった。自分の良心が組織の方針と相反するとき、みずから進んで自分の良心を重視するひとたちが兵役を拒否するからだ。

このような性格のためか、兵役拒否運動は過去には社会運動の領域に属していなかったひとたちとも共に活動することができ、社会運動の枠内でも自分の良心を真摯に省察するひとたちが新たな兵役拒否の言語を発話し、おのずと姿を現すことができた。そのようなひとたちが少数で組織化されておらず、いまこの瞬間にはすぐ変化を引きだすことができなかったとしても、新しい言語や新たな存在がつねにそうであるように、それ以後の人びとに新たな選択肢を授けてくれる。新たな言語で兵役を拒否するひとの登場は、それとはまたべつの新たな言語によって兵役を拒否するひとたちが兵役拒否を決心できるように、勇気を呼び起こしてくれたのだ。

もちろん、兵役拒否運動の限界は依然として残っている。兵役拒否運動は、いまでも兵役を拒否した男性たちが主要な担い手となっている運動だと認識されやすく、過去に比べて多様性が広がったといっても、エホバの証人を除けば、いまだに中産階級の高学歴者の比率が高い。もしかしたら、そもそもこの問題は完全には克服しきれない問題なのかもしれない。べつの言葉でいえば、量が増えれば質も変わるといったような性質の問題ではないのかもしれない。単に比率が変わったからといって克服できる問題ではないかもしれないのである。

思うに、限界の克服とは、どこかに到達すべき地点があって、そこへ達することではなく、持続的な努力を重ねる過程のなかにのみ存在するものである。階級や学力、ジェンダーの格差をなくそうとする努力は当然重要であり、必要である。しかし、それぞれの問題に個別的にアプローチし何か成し遂げたとしても、わたしたちは兵役拒否運動内部に存在するべつの既得権を発見し、その問題に直面するようになるだろう。たとえば、徴集人口の減少とともに移民の軍服務が増加するようになれば、兵役拒否運動は兵役拒否者の人種や国籍という既得権の問題に新たにぶつかる可能性が高い。社会が複雑になるにつれて権力の働きやその作用も複雑になっていくという点を考慮するなら、すでにわたしたちはいまだ感知できていない社会的権力を享受しているのかもしれない。

兵役拒否者になるのに、兵役拒否運動をするのに、資格なんて必要ない。だれもが兵役拒否者になれる。だが、こうした自明な言説上の宣言とはべつに、兵役拒否者たちがもつ共通点は、現実の社会構造的問題と明らかにつながっているということだ。

11．失敗が道となるように

仮釈放による出所を一ヶ月ほど後に控えた二〇〇七年九月のことだ。その日、とてもうれしいニュースを聞いた。盧武鉉政権がついに代替服務制度を導入することにしたというのだ。国防部は当時、兵役拒否者がアルツハイマーの老人や重度障害者を支援する社会福祉の領域の代替服務制を二〇〇九年三月から施行すると明らかにしていた。政府が兵役拒否者のための代替服務制の導入を準備しており、そう遠くないうちに公式発表があるだろうというニュースは、「戦争なき世界」の友人たちが送ってくれた手紙で知っていたが、その発表が出所よりはやくなるとは思いもしなかった。棚からぼたもちとはこういうことか。これから兵役拒否をする人びとは、わたしのように監獄生活をしなくてもいいと考えると、これ以上大きな出所祝いはないように思えた。

一方では、それでも若干の不安感があった。政策を推進していかなければならない盧武鉉政権の任期は、数ヶ月しか残っていない時期であり、当時民主党の支持率は地面すれすれまで低下していたために、次期大統領選挙で政権交代が起きる可能性は非常に高かった。人権や平和に対する関心も責任感もない李明博(イ・ミョンバク)が当選すれば、代替服務制は施行される前に暗礁に乗りあげてしまう可能性があった。おそらく、みんな、わたしと同じような心配をしていたはずだ。だが、言葉にしてしまうと、実際にその通りになるのではないかと思っていたので、心のなかで不安を押し殺している様子だった。

周知のように、その年の年末の大統領選挙は、李明博が当選する結果となった。[†49] 仮釈放期間には投票権が与えられていないために投票できなかったが（二〇一六年からは法が変わり、仮釈放者と実刑一年未満の在監者は投票可能になった）、投票していたとしても結果は変わらなかっただろう。就任初年度の二〇〇八年、李明博政権下の兵務庁は、代替服務制に関する研究プロジェクトを実施した。当初、このプロジェクトはほかの国々の事例を普く検討し、韓国の状況に合った代替服務制の導入を準備するための研究だったのだが、李明博政権は研究内容のうち世論が兵役拒否に対し否定的であるという一点だけを強調し、代替服務制の導入を全面的に白紙化した。社会的合意が得られなかったために時期尚早であるという理由を発表したが、言い訳にすぎなかった。予想はしていたが、莫大な税金を使って進めた研究報告書のなかからたった一行の文章を取り上げ、導入自体を白紙に戻すというのは衝撃的だった。日付もはっきりと覚えている。

二〇〇八年一二月二四日、最悪のクリスマスプレゼントだった。

ショックは思っていた以上に大きく、長引いた。はじめから期待していないことならば喪失感もないが、あと一歩のところにあったものを失ってしまったために、気分を切り替えるのは難しかった。一度手にしたものを失くしたり、もう一歩のところで手に入らなかったりしたものは、はじめからその存在を知らなかったものより、喪失感が大きく、骨身にしみるようだ。仲間もみな、同じような喪失感を感じていた。代替服務制が導入される一歩手前まで来ていたところで後退してしまったために、活動家たちは今後何をしなければならないのか目標を見失った状態だった。この間、できることはすべてやってきた。青瓦台と国防部にプレッシャーをかけて説得し、国会議員を集め、代替服務制法案を何度も提案して議論を重ね、立法化の必要性を伝えた。兵役拒否者がたえず現れる状況のなかで裁判をおこない、憲法裁判所に兵役法に対する違憲訴訟も提起し、

†49　李明博は二〇一三年二月まで大統領職をつづけた。なお、二〇一二年一二月の第一八代大統領選挙で当選した朴槿恵がかれのあとを継ぎ、大統領の座につくことになった。これにより、朴槿恵が退陣する二〇一七年までの約一〇年間、韓国では保守政権がつづいた。

国連の自由権規約委員会の個人通報制度に陳情を送るなど、国連の多様なシステムをとおして韓国政府にプレッシャーをかけた。やるべきことはすべてやり、やれることは一から十まですべてやった。深い挫折感のなかでこれから何をすべきなのか、何ができるのか、まったく計画を立てることができなかった。

「戦争なき世界」内部も困難にぶつかった。長い間、熱心に活動してきたナルメンとチョウンに入隊令状が発付されたが、兵役を拒否し監獄へいき、この間、兵役拒否運動のリーダー的役割を担ってきたオリは留学のためにイギリスへ向かった。わたしは個人的な事情で「戦争なき世界」をやめ、出版社に入り、一時期は社内の労働組合の仕事に専念した。「戦争なき世界」には活動家のヨオクがぽつんとひとりで残っていた。もちろん、「戦争なき世界」の活動が止まったわけではなかった。新たにはじめた武器取引監視運動の一環としてクラスター弾（cluster munition）禁止活動のための勉強をつづけ、少しずつホットな話題になりつつあった江汀村海軍基地建設反対運動にも熱心に参加した。「戦争なき世界」の周りには、喜んでお金や時間を差し出してくれるありがたいひとたちがおり、兵役拒否者も途絶えることなく現れつづけた。だが、去っていったひとたちの穴を完全に埋めることはできなかった。代替服務制の導入を目の前にして躓いてしまった活動家たちはくたびれていき、各自の事情により以前のように積極的に活動へ参加することができない者たちには罪責感だけが積み重なっていった。何でもできると思っていた時期は過ぎ去り、何をしても無駄だと感じてしまうような時期だった。

幸いにも挫折の時期は長くなかった。二〇一二年一二月、李明博政権につづき、保守的な朴槿恵(パク・クネ)政権が誕生し、条件的には状況がよくなることはないようにみえた。だが、内部から変化の気運が生みだされた。監獄にいっていたナルメンとチョウンが出所し、わたしは会社を辞めたあと、再び「戦争なき世界」の活動に積極的に参加しはじめた。ヨオクは厳しい状況のなか、しっかりと「戦争なき世界」を守りぬき、留学を終えたオリが韓国に帰ってきた。オリがイギリスに滞在しているあいだに交流していた現地の平和活動家らに「戦争なき世界」が直面している外的な困難、つまり、代替服務制が導入直前にとん挫し、すでにやれることはすべてやった活動家たちはバーンアウト状態に陥ってしまっている状況について助言を求めたところ、非暴力トレーニングをしてみるのはどうかと提案された。雨降って地固まる、という思いをもってもう一度集まった過去の勇士たちのように、何でもやってやろうという心持ちだったわたしたちは、快くその提案を受け入れた。

わたしたちが参加したトレーニングは、「ムーブメント・アクション・プラン」だった。これは小グループでの討論と簡単なゲームをとおして互いに社会運動を分析し、目標を設定し、戦略を立て各自の役割をみつけるというツールである。結果は大満足だった。非暴力トレーニングが活動家の挫折感を一気に解消してくれるチートのような神がかりな方法を教えてくれたり、隠された妙策を悟らせてくれたりはしない。そもそも、そんなものは存在するはずがない。それよりは、トレーニングに参加したすべてのひとが「一緒に考え、討論し、合意形成をとおしてひとつの結果物」をつくりだすことに価値があるように感じた。

個人的には論理的な枠組みで社会運動を分析、アプローチするという点が新鮮だった。その頃、わたしは個人として認識に変化が起こっていた時期でもあった。「戦争なき世界」の活動を中断する前までは、全力をだすことが最も重要であり、最善を尽くすことが成功のための重要な要素だと考えていた。しかし、出版社に通うなかで考えが変わった。どれだけ全力を出し、最善を尽くしても、本の声がほかのひとたちに届かなければ意味がないということを、それがほかのひとたちに響かないのであれば、どこかに間違いがあり、それをみつけだして変えなければいけないということを悟った。このような認識の変化は、著者の考えや主張をより多くの読者に伝えるためには、どうしなければならないかをつねに考える出版社の仕事の特性のためだっただろう。どれだけ正しい言葉であっても、読者に届かなければ、そして読者を説得する機会をもつことができなければ、そこに何の意味があるだろうか？

兵役拒否者が監獄行きを甘受してまで主張する平和の言葉にしても同様である。わたしはこれ以上、ただ全力を尽くすことだけに、正しい言葉を発することだけに甘んじたくはなかった。そこで、どうすれば韓国社会に兵役拒否運動の声をより広めることができるのか考えはじめた。ちょうどその時期に非暴力トレーニングに出会った。このトレーニングは、社会運動は論理的かつ分析的でなければならないということ、そして何よりも社会運動には明確な目標設定にもとづいた戦略が必要であるという事実を教えてくれた。

非暴力トレーニングから何を学んだのかは、活動家一人ひとりちがうだろう。あるひとにとっては兵役拒否運動における自分の役割が明確になった点がよかっただろうし、またあるひとにとってはキャンペーンを企画し、実行する際に活用できる多様なツールを実際に使った経験が印象深く残ったかもしれない。だが、わたしたちが共通して感

非暴力トレーニングの様子

じたことがひとつあるとすれば、それは社会運動が社会の変化を呼び起こすのに強力な力を十分もっているということとはべつに、実際に変化が起きるまでには長い時間がかかり、また時間が流れたからといって自然に変化が起こるものでもないという事実だった。そのときからわたしたちは落胆しなくなった。代替服務制の導入には長い時間がかかるので焦る必要はないし、代替服務制の導入だけが兵役拒否運動ではないという事実を理解したからだ。わたしたちはゆっくりと、だが確実に、以前よりスマートかつ余裕をもって計画を立て、自分たちが追求する変化に向かって歩いていくことにした。

12.「お前らには銃弾を使うのももったいないから包丁で刺し殺してやる」

兵役拒否者の黄金期は収監時代だ。何をバカなことを、と思うかもしれないが、監獄にいるときほど、多くのひとたちが支持や関心や愛情を送ってくれる時期はない。手紙や領置金、面会など、直接目にみえるやり方で気持ちを届けてくれるので、いくら鈍感なひとでも周囲の関心と愛情を感じずにはいられない。もちろん、少数の支持者と友人らを除けば状況は真逆になり、支持と愛情の代わりに罵声と非難を浴びる。最近も兵役拒否関連の記事に対するコメントをみると、本当にこの世界は変わっていっているのだろうかと疑ってしまうほど激しい罵詈雑言を簡単にみつけることができる。それでも、兵役拒否運動の草創期に比べれば、社会的認識はかなり変わり、兵役拒否者に対する人びとの悪感情もかなり改善された。

かつて兵役拒否者はオンラインだけでなく、オフラインでも怒りと嫌悪にさらされた。二〇〇〇年代初頭、国会議員らが先頭に立って代替服務制の立法化を求める署名キャンペーンを実施した。一〇万人分の署名を集めるのが目標だったが、当時キャンペーンに参加したわたしは平日には学校で、週末にはマロニエ公園や汝矣島公園のように多くの人びとが集まる場所で署名を集めた。その際、人びとと言い争いになることもあり、わたしたちに向かって殴りかかってくるひともいた。

仁寺洞（インサドン）のサムジキル[†50]が工事中のとき、わたしたちは毎週工事現場のフェンスの前で署名を集めた。ある週末、辺りを歩いていたあるお坊さんがわたしたちをみると、徐々に近づいてきた。少し酔っていたのか、ふらふらしており、近くまできたとき、酒の臭いがぷんぷんした。かれは腰のところにつけていた木剣をさっと抜くと、大声で叫びながらわたしたちに向かってそれを振り回してきた。突然のことに驚いたが、酒に酔って勢いのない木剣を避けるのは難しくなかった。誤解するひともいるかもしれないので一応付言しておくと、兵役拒否運動を積極的に支持してくれるお坊さんや仏教信者も多い。

いずれにせよ、オフラインでわたしたちをみかけて怒りをぶつけてくる者たちの場合、大抵、国や安全保障はどうするんだと息巻くが、これといった持論があるわけではなかった。極まれにわたしたちに向かって呪言を唱えるひともいた。二〇一二年頃、代替服務制の立法化を求めるために、兵役拒否の歴史に関する展示を国会議員会館のロビーで開いていたときのことだ。展示物をみていたおばあさんが近づいてきてわたしたちを指さし、大声で罵倒を繰り広げた。

「わたしは北朝鮮で暮らしてたんだ！　金日成とスターリンの写真が掛けられた教室で勉強してたんだよ！　だからロシア語だってできるんだ！　あんたらは共産党の正体をわかってるのかい？　どれだけ鬼畜なやつらか知らないでこんなことやっているんだろう？　お前らみたいな奴は銃で射ち殺してしまわないといけない！　いや、銃弾を使うのももったいないから包丁で刺し殺してやる！」†51

わたしたちが何もいわないでいると、おばあさんの声は一層大きくなり、たちまち人びとの視線が集中した。わたしたちは特に対応しないまま、静かに出ていってくださいとだけ話し、あとは聞いていた。実はある程度の罵倒には慣れてしまっていたのだが、「銃弾を使うのももったいないから包丁で刺し殺してやる」という言葉にはとてつもない恐怖を感じたので、その後も忘れられないでいた。

---

†50　ソウルの仁寺洞にある工芸品を専門的に扱う四階建てのショッピングモール。二〇〇四年一二月にオープンした。

†51　解放直後（一九四五―一九五〇年）から朝鮮戦争（一九五〇―五三年）の時期に朝鮮北部から南へ渡ってきたいわゆる「越南民」と思われる。

もちろん、兵役拒否に反対する人びとがみな横暴で感情的なわけではない。過激なひとたちに気を引かれてしまうために記憶に残っているだけで、自分の立場を十分に明かしたうえで議論をしかけてくるひとも多かった。そのようなひとととの議論は、わたしたちにとっても思考の肥やしになった。兵役拒否運動の主張やその主張を下支えする論理の欠点に気づくこともあったからだ。たとえば、兵役拒否運動は草創期に正面切って「徴兵制廃止」を主張した。だが、現実的には軍隊そのものを廃止しないかぎり、徴兵制の廃止は結局、募兵制の導入に帰結せざるをえない。兵役制度の改善は、非常に複雑な高次方程式のようなものだということを理解するようになるなかで、徴兵制廃止については話さないようになった。その代わり、兵役制度をどのように改善しなければならないのか、兵役制度の改善のためにわたしたちはどのような観点で、何を見据えなければならないのか話すようになった。

兵役拒否者に対して表出されるさまざまな感情をどう呼ぶべきか？　これは女性、障害者、老人、子ども、移民など、社会的マイノリティに向けられる嫌悪と似ている側面をもっている。だが、兵役拒否者に対する人びとの怒りは、べつのマイノリティに対する嫌悪とは明らかにちがう性格をもっているように思われる。たとえば、兵役拒否者に対して罵声を浴びせる旧世代の場合には、自分たちが重要視している国家安保という価値を「踏みにじる奴ら」だという怒りの感情がその中心にあるようであり、軍隊にいって帰ってきた予備役の男性らは義務を忌避する「男らしくない」男性に対する軽蔑、そして自分とちがって軍隊にいかないひとに対する怒りや妬みが複雑に絡み合っているようにみえる。いいかえれば、兵役拒否に対する怒りにマイノリティに対する嫌悪が内包されている場合もあるが、そうした嫌悪だけでは説明しきれない部分があるのだ。

本来、社会運動は普遍的には認められていない価値を代弁したり、尊重されていない存在の権利を擁護したりするために、少数意見となる場合が多い。すでに普遍性を獲得した価値や普遍的な存在の権利は、社会運動でなくとも政治やメディアが十分に代弁、擁護してくれるので、あえて社会運動が介入する必要のないケースがほとんどである。少数派である社会運動は、尊重されない者たちの権利を普遍的な価値にするために、たえずさまざまな人びとと対話し、説得しなければならない。集会、直接行動、声明や論評など、社会運動の伝統的なやり方はすべて、大きな枠組みでみると人びとを説得するための基本的な方法なのだ。

兵役拒否は韓国社会においてセンシティブな問題である徴兵制や軍事安保を正面切っ

て批判する直接行動であるがゆえに、最初から大衆的な支持を集めることはなかった。保守的な人びとのみならず、進歩陣営に属する人びとでさえも、当初は兵役拒否を受け入れることができなかった。民衆大会や労働者大会のように、ほとんど進歩的な人びとだけが集まっているところへいき、兵役拒否に関するビラを撒いても、「でも軍隊にはいかないとダメだろう」という説教を聞かされることは茶飯事だった。洪世和（ホン・セファ）[52]や朴露子のような進歩的知識人や故イム・ギラン民主化実践家族運動協議会[53]代表のような人権運動のベテランが積極的に兵役拒否運動を擁護したのも、兵役拒否運動に対する社会の反感があまりにも大きかったからである。

古今東西を問わず、闘いに勝つための第一条件は味方を増やし、対立相手を孤立させることだ。兵役拒否運動は平和主義の実践だが、現実においては軍事主義勢力と平和主義者のあいだの闘いだった。わたしたちは兵役拒否者に対する嫌悪を煽動する政治家やメディアに断固として立ち向かうとともに、たえずいろいろな人びとに会い、対話した。兵役拒否は宣言であると同時に声かけであり、それがわたしたち独自の生存方法だった。

兵役拒否に反対する者たちの話を詳しく聞いてみると、よく知らなかったり、情報が十分に伝わっていないまま反対しているケースが多かった。そのような人びとは対話をしているうちに兵役拒否運動の支持者になりもした。兵役拒否に対して漠然とした反感をもっていても、代替服務制の必要性については共感する人びともいた。政治的に保守的なひとも周囲のだれかが兵役を拒否すると、まず、そのひとの話に耳を傾け、自分の意見を一度考えなおす。もちろん、そうした内省の時間を経たうえでも反対するケースが多かったのは事実である。しかし、一度内省したうえで兵役拒否に反対する場合、兵役拒否という行動に対して自分は異なる意見をもっているという意味で反対しているのであって、兵役拒否者を嫌悪するがゆえに反対するわけではなかっ

†52　ソウル大学を卒業し貿易会社に勤務中、いわゆる「南民戦事件」（朴正熙が「親北団体」として「南朝鮮民族解放戦線準備委員会」のメンバーを検挙した事件）に連累し、一九七九年以降パリで長いあいだ亡命生活を送った。二〇〇二年、二三年ぶりに韓国へ帰国。著書に『コレアン・ドライバーは、パリで眠らない』（米津篤八訳、みすず書房、一九九七年）、『セーヌは左右を分かち、漢江は南北を隔てる』（米津篤八訳、みすず書房、二〇〇二年）などがある。

†53　一九八五年一二月に結成された団体。民主化闘争の過程で投獄された政治犯の家族、とりわけ女性たちが獄中の家族の救援運動を展開するなかで結成された。政治犯の釈放や人権擁護を主張しながら刑務所や警察署での抗議行動をおこなった。兵役拒否権の保障や代替服務制度の導入を支持し、兵役拒否運動にも積極的に加わる。

た。つまり、兵役拒否者の存在を尊重したうえで、政治的な意思表明の手段として兵役拒否を選択する問題については、慎重にはばかりつつ反対を表明するというものであり、このような場合には、人権的な面において代替服務制の導入に賛成するひとも多かった。

わたしたちのやり方が近道だったのか、回り道だったのかはよくわからない。ただ、粘り強い努力のおかげで兵役拒否に対する社会的認識は、この二〇年のうちにかなり変わった。人びとの認識の変化がなければ、代替服務制の導入も難しかっただろう。

だが、その過程で明らかな限界もあった。人びとを説得するための努力は、時に既存の秩序を強化する方向へ流れていってしまう。たとえば、「わたしたちは軍隊にいく良心も尊重します。予備役の人びとの良心が尊重されるように、兵役拒否者の良心も保護されなければなりません」という草創期の兵役拒否運動の主張は、手厳しい批判を受けもした。韓国の徴兵制研究者であるカン・インファは、当時の兵役拒否運動が「非国民」との連帯を強化するよりも、予備役の男性たちとの関係改善を重視していたという点に着目し、草創期の韓国の兵役拒否運動が取った戦略に内在する男性性を批判した。監獄でその論文を読んだわたしは、その真っ当な批判に胸がえぐられる思いがしたが、そうした批判こそわたしたちにとって必要なものであり、厳しい批判がわたしたちを成長させてくれるということもよく理解していた。つぎはわたしたちが努力する番だった。

13. 監獄へいく男、差し入れする女？

二〇一八年、良心的兵役拒否者に対する代替服務制を規定していなかった「兵役法」に対し、憲法裁判所は違憲判決をくだした。その直後、「戦争なき世界」の事務室の電話機は休む間もなく鳴りつづけた。電話をかけてきた記者たちは十中八九、兵役拒否者につなげてくれといった。当事者の一言がもつ重さの意味がわからないわけではないが、思わず呆れてしまった。「わたしたちは兵役拒否者のマネージャーでもしてるのだろうか」。兵役拒否者らにつなげてあげてもすぐにまた「戦争なき世界」に連絡してくる場合も数え切れないほど多かった。兵役拒否に関連するイシューの全般的な内容や代替服務制をめぐる議論の細かな論点を聞かなければならないからだった。こうした状況は見慣れた光景だ。さらに、自分が感じたこの程度の不満は、女性活動家たちがこの運動のなかでほとんどつねに副次的な存在として考えられている問題に比べれば何事でもなかった。

ある日、電話のベルが鳴った。

「「戦争なき世界」ですか？　活動家のヨオクさんの連絡先を教えてくれませんか？」

耳を疑った。ヨオクの電話番号を尋ねてくる記者がいるとは！　兵役拒否者ではなく、女性活動家を探している記者がいるとは！　驚きながらも、とても嬉しくて大きな声で電話番号を伝えた。ついに兵役拒否運動のなかで最も重要な役割を果たした人びとがだれなのか理解している記者が現れたんだな、と思った。少し時間が経ったあと、ヨオクに記者とどういう話をしたのか聞いた。そのような鋭い視点をもっている記者なら質問も人並み外れているだろうと期待していた。だが、ヨオクの口からは予想していなかった答えが返ってきた。

「インタビュー可能な兵役拒否者の連絡先を聞いてきたよ」

裏切られたという思いが怒涛のように押し寄せ、全身の力がすっかり抜けてしまった。兵役拒否運動をするなかで出会った多くの記者、いや、韓国社会の大多数のひとが兵役拒否運動をしている女性活動家を兵役拒否者の「助力者」程度に考えている。監獄行きを甘受する兵役拒否者の男性が「平和の英雄」になる傍ら、英雄の影に隠れたまま、英雄がより一層輝くように助けてあげる役割を担うのが女性活動家たちだと考えられてきてしまっている。兵役拒否運動において女性がメディアに登場する場合、ほとんどが兵役拒否者の家族、恋人、友人として呼ばれるときだけである。女性活動家の声は兵役拒否者男性の存在を経由することなくしては社会的に発話されなかった。

しかし、一般的な認識とはちがい、韓国の兵役拒否運動において最も重要な役割を果たしてきた人びとは女性たちだった。この当然の事実には偶然と必然が絡まり合っている。韓国で兵役拒否運動を最初にはじめたのは、若い平和活動家たちが集まっていた団体である平和人権連帯（一九九九―二〇一〇）の活動家チェ・ジョンミン（オリ）だった。韓国で開催された国際会議に参加したアメリカ・フレンズ奉仕団（American Friends Service Committee，AFSC）の活動家カリン・リが、当時平和人権連帯の活動家だったチェ・ジョンミンに、台湾では代替服務制が導入されたという情報を教え、兵役拒否運動を提案したのが偶然のはじまりである。

その後、チェ・ジョンミンとともに「戦争なき世界」のヤン・ヨオクがかなり長いあいだ兵役拒否運動において中心的な役割を果たしてきたのは必然的な側面である。わたしを含め、兵役拒否者たちは監獄に収監されるあいだ、活動に空白が生じ、さらには収監生活の前後で長い放蕩の時間を送る場合もあった。それに対し、女性活動家たちは兵役拒否者らが監獄にいき活動から離れているあいだも、兵役拒否者が出所後に自分の生活の方途をみつけ運動から離れたあとでも、代替服務制を含め兵役拒否運動の進むべき方向を考え、ひとを集め、継続的に活動を企画し組織していった。収監者に対する支援活動をメディアはあたかも女性活動家の占有領域のように描くが、活動家の数ある仕事のうちのひとつにすぎない。また、女性活動家たちは兵役拒否運動に内在する男性中心主義や家父長制から脱け出すために、多くの努力を傾けてきた。特定の性別、あるいは特定の個人に社会的関心が集中しないように神経を使い、兵役拒否運動内部の意思決定やキャンペーンの進行過程においても疎外されるひとがいない文化や構造をつくるために努力した。韓国の兵役拒否運動が築きあげた成果の背後には多様な要因が存在しているが、何よりこの運動が女性のリーダーシップを軸に継承されてきたという事実が重要視されなければならない。

女性活動家たちの存在が表に現れないのは、外部の視線だけが問題なのではなかった。わたしや仲間たちは兵役拒否運動にフェミニズムの視点が必要だと考え、努力したが、これは運動内部でジェンダー化された分業構造が形成されてしまっていることを敏感に感じ取ったからだった。この運動のなかでだれが感情労働を要求され、それに耐えているのかは、特に重要な問題だった。兵役拒否の相談や収監者支援をはじめとする感情労働は、女性活動家たちに徹頭徹尾集中してしまっていたのだ。

兵役拒否運動が兵役拒否者とつながる回路として相談は重要な位置を占めている。そして、相談業務の大半は感情労働である。また、兵役拒否者が監獄にいく場合、収監生活支援活動においても感情労働は最も重要な部分を占めている。兵役拒否者ひょんみんは『監獄の妄想』において、申栄福（シン・ヨンボク）[†54]に代表される進歩的な男性の監獄生活が女性のケア労働に依存していたことを鋭く指摘し批判しているが、兵役拒否者の監獄生活もそれとほとんど同じだった。実際、監獄生活をだれよりも理解しているひとたちは出所した兵役拒否者であり、したがって収監生活を最もよく支援できる者たちも先達の兵役拒否者であるはずだ。だが、兵役拒否運動の現場では、収監された兵役拒否者が必要なものを頼んだり、収監生活上のさまざまな精神的な苦労をぶちまけたりする際、女性活動家に依存する事態が繰り返された。女性活動家に集中するケア労働や感情労働をべつの活動家たちに分散させるために、出所した兵役拒否者と収監された兵役拒否者をペアにし収監者を支援するなど、さまざまな試みをやってみたが、ある程度の成果はあったものの、感情労働の性別分業を克服するほどにはいたらなかった。

一方、感情労働の性別分業を克服するための努力が予期せぬトラブルにつながりもした。収監生活は兵役拒否者が個人的に耐え抜かねばならないことであると同時に、外部の持続的な助けも必要になる。したがって「戦争なき世界」は、拘束予定の兵役拒否者に領置金の管理や面会の日程のようなだれかがつねに神経を使わないといけない業務を担当する後援会長をおく必要性を強調する。兵役拒否者は自分が信頼し、負担なく何かを頼むことができるひとを後援会長にすることがあったが、これにも一定の傾向が存在することがすぐに見て取れた。恋人のいる異性愛者の場合、ほとんど一〇〇パーセント恋人が後援会長を務め、セクシャルマイノリティや恋人がいないひとの場合でも、ほとんどが妹や女性の友人など、女性が後援会長を務めた。監獄へいく男性と差し入れをする女性という構図がはっきりと存在していたのだ。

この構図に問題意識を感じたわたしたちは、感情労働が女性にだけ要求される性別分業に対する問題意識を共有するとともに、兵役拒否運動の実践として可能ならば男性を

†54　申栄福（一九四一―二〇一六）は、韓国の代表的な進歩的知識人のひとり。淑明（スンミョン）女子大学や陸軍士官学校で講義をしていた一九六八年、統一革命党事件に連累したとされ、無期懲役刑を宣告された。その後、一九八八年に仮釈放されるまで二〇年間、獄中生活を送った。一九八八年、監獄生活を送るなかで獄中から家族に送った手紙を編集し、『監獄からの思索』を出版した。本書は社会的に広く読まれた。

後援会長に指定するよう提案した。しかし、トラブルはこの過程で発生した。何人かの女性の後援会長は「戦争なき世界」の問題意識に同意しつつも、兵役拒否運動に自発的に参加することに決めた自分の選択を「戦争なき世界」が歪曲していると感じたのだ。彼女たちは彼氏の兵役拒否を「助ける」ためではなく、自分自身を兵役拒否運動の重要な主体とみなし、この運動に参加する方法として後援会長を選択したのに、まるで自分の選択が性別分業を強化するかのように考えられてしまっていることについて問題を提起した。

他方で、「戦争なき世界」の助言を受け入れ、男性に後援会長を務めてもらった場合にも予想できなかった問題が発生した。ケア労働に慣れていない男性の後援会長が収監された兵役拒否者の要請に十分に応えられず、その結果、後援会長の業務の大部分を再度兵役拒否者の女性の知人が担当する事態が発生したのである。ここには、ケア労働を遂行する女性たちの活動がより一層不可視化されるという問題もあった。お疲れさま、というねぎらいは男性の後援会長が受け、実際の仕事は女性が担うという形態は、性別分業の問題を克服するどころか、問題を一層複雑にしたのだった。

死ぬほど努力してようやく目標の半分に到達するということがある。兵役拒否運動の内部の性別役割がそうだった。いつだったか「戦争なき世界」のブログ記事の執筆者の性別比率を分析したことがある。その年には計六〇本の文章を掲載したのだが、男性の書き手が書いた文章は四〇本、女性の書き手が書いた文章は二〇本だった。外部のひとに文章を依頼するときには、ふたりの筆者を選定し、そのふたりの性別がちがう場合、女性のほうにまずオファーの連絡をしているのに、そうなってしまっていた。基本的に兵役拒否者の文章が多く掲載されるという点も性別比率に影響を与えているだろう。結局はたえず努力し、少しでもバランスをとっていくしかない。

個人的には、話す機会があるときには必ず兵役拒否運動において女性の活動家たち、特にオリとヨオクがどれだけ重要な役割を果たしてきたのかいつも話してまわっている。兵役拒否者が監獄へいくときに送られる支持や連帯と同じくらい、いやそれ以上に、兵役拒否運動を引っ張ってきた女性活動家に対する認識と尊重が必要である。

14. 戦争受益者を止めろ!

わたしが兵役拒否により拘束された二〇〇六年、「戦争なき世界」の活動家たちはヨーロッパで開かれた国際会議に団体として参加した。当時、「戦争なき世界」の活動家たちは、兵役拒否者男性ばかりが注目の的になりやすいという兵役拒否運動の当初からの限界に嫌気が差していたので、兵役拒否運動以外のべつの平和イシューへと活動の幅を広げようとしていたところだった。ほかの国の平和運動がどのようなイシューでキャンペーンをしているのか直接見て聞く機会は非常に重要だった。その会議に参加した活動家たちが選んだ「戦争なき世界」の新たなキャンペーンは、武器を製造し販売する企業に抵抗する平和運動だった。

その頃まで韓国社会において「戦争受益者(war profiteer)」はなじみのない概念だった。戦争の主要な行為者は国家、特に軍隊だという考えが一般的である。簡単にいえば、戦争に先んじて宣戦布告をおこなうのは各国の政治家たちであり、実際に戦闘を遂行するのは軍人たちだという単純な考えである。しかし、実際のところ、その背後には武器を製造し販売する企業がいる。だが、長いあいだ、戦争における企業の役割は巧妙に覆い隠されていた。

現代の戦争は総力戦だ。軍人が遂行するのは戦闘だけであり、戦闘をするためには、事実上軍人以外にも国内の多くの人びとが動員される。特に企業は軍人たちが戦闘を遂行するのに必要なさまざまな物資を生産し、運送することによって重要な役割を果たしており、その過程で莫大な利益を得る。ベトナム戦争当時、韓国の企業は韓国軍派兵の対価としてアメリカから米軍の戦争遂行に必要な各種事業を受注し、これを土台に財閥企業へと成長した。代表的な企業が韓進グループだ。韓進グループはベトナム戦争当時、アメリカ本土から来た物品を米軍兵士に搬送する事業をしていたが、この事業が発展し、今日の韓進宅配となった。

だが、戦争において企業がどのような役割を果たしていたのかについては、この間あまり知られていなかった。わたしたちにとってなじみのある言葉は「軍産複合体」くらいだった。軍部と大企業が互いの利益のために依存し合う体制を意味するこの言葉は、アメリカの第三四代大統領ドワイト・アイゼンハワー（Dwight David Eisenhewer, 一八九〇―一九六九）が退任演説ではじめて言及し、大きな注目を浴びた。当時の演説でアイゼンハワーは世界各国の軍備競争の加速化に警鐘を鳴らし、軍部とつながって戦争で金を稼ぐ防衛産業体と金を稼ぐために戦争を望む政治家たちの利害関係の形態を「軍産複合体」と命名した。それ以降戦争によって利益を得る企業が大きく可視化されたのは、二〇〇三年に勃発したイラク戦争のときだった。イラク戦争のときは特に戦争を遂行するのに必要なさまざまな役割を民間企業体が担当し、大金を稼いだ。イラク侵略を主導したブッシュ政権の副大統領だったディック・チェイニーを連結点としてイラク再建事業によって一一〇億ドルを稼いだ企業ハリバートン（ディック・チェイニーは副大統領になる前、ハリバートンの経営者だった）の事例が代表的である。

このように、戦争によって金を稼ぐ企業の中心には、当然のことながら武器を製造し販売する企業が存在している。F35戦闘機を生産するアメリカのロッキード・マーティンやイギリスのBAEシステムズが代表的である。韓国の企業としては、非人道的な武器の代表格たる拡散弾を生産するハンファと豊山（プンサン）がある。平和活動家たちは、ひとを殺す以外には到底使いどころのないこのような武器を製造し、売り込む企業を「戦争受益者」と命名し、これらの企業の武器生産と販売を監視したり、防いだりする活動を展開してきた。歩兵が中心だった第一次世界大戦のとき、戦争を中断させるための直接行動が兵役拒否だったとすれば、先端武器をつくる軍需産業体の利益のために戦争が左右される現実のなかで戦争を防ぐためには、戦争受益者の活動を中断させたり、抑制しなければならない。こうしたアイディアが戦争受益者に対する抵抗キャンペーンにつながったのだ。「戦争なき世界」の活動家たちが着目したのもまさにこのポイントだった。

「戦争なき世界」の活動家はほとんど女性だったり、兵役拒否者だったりするので、小銃を一度も手にしたことがなく、当然武器には関心さえなかった。知らないことが多いので勉強からはじめ、わたしも出所したあと、勉強会に合流した。ところが、勉強というのは興味の湧くテーマに取り組んでこそ楽しさを感じるものだが、好きでもないことを勉強しようとしたために、まったく食指が動かなかった。何でまた武器の種類はこんなに多いんだと思いながら泥沼にはまっていた頃、何でもいいからとりあえずやってみようという気持ちで悩んだあげく、拡散弾禁止キャンペーンをはじめた。

韓国の企業も生産する拡散弾はクラスター爆弾と呼ばれもする。大きな爆弾のなかに小さな爆弾が三〇〇―五〇〇個程度入っており、これを発射すれば空中で大きな爆弾が爆発し、そのなかの小さな爆弾も広範囲に撒き散らされる武器だ。精密な打撃というよりは、広範囲に被害を与えるための武器であり、そのせいでほかの武器より民間人の被害が深刻である。さらに、小さな爆弾のなかの少なくない数が不発弾として残り、地雷のように数十年後に被害が出るケースも多い。拡散弾をターゲットにした理由は簡単だった。拡散弾は地雷とともに国際社会において代表的な非人道的武器と認識されており、韓国は加入していないが、拡散弾の生産および取引きを禁止する国際条約も存在していた。こうした理由からヨーロッパの軍需生産企業体は次第に拡散弾の生産を中断しつつある趨勢だったのだが、当時、世界で最も多くの拡散弾を生産する企業のなかに国内企業（ハンファと豊山）があったのである。「戦争なき世界」は韓国の国民年金公団がハンファと豊山の大株主という点を問題にし、「わたしたちの税金で非人道的な武器の生産に投資をするな」というスローガンを訴え、拡散弾に対する投資の撤回を求めるキャンペーンを展開した。過去にも企業の特定の商品を問題化する社会運動はあったが、そのほとんどが商品の生産過程で発生する労働搾取や環境破壊を問題にしたもので、武器のように商品自体を問題にするケースは稀だった。そのため、キャンペーンの初期には社会的関心を集めることもあったが、大衆的には広がらないまま、キャンペーンは小康状態に入った。

だが、わたしたちは思いもしなかったところから大きな成果を得ることになる。

二〇一〇年、「アラブの春」と呼ばれる中東諸国の市民たちの民主化運動がはじまった。この激しい民主化運動の波はバーレーンでも例外ではなかった。バーレーン政府と警察はデモ隊を鎮圧するために催涙弾を無差別に散布し、この過程で数十名のバーレーン市民が命を落とした。そんなある日、「戦争なき世界」とアムネスティ・インターナショナル韓国支部に一通のメールが届いた。バーレーン政府の無差別的な催涙弾散布により数十名が殺されたが、バーレーンに最も多くの催涙弾を輸出する国家は韓国であり、バーレーンは催涙弾をさらに追加で輸入する計画をもっているので、韓国の活動家たちが政府に圧力をかけて催涙弾の輸出を防いでくれということだった。韓国では催涙弾が長いあいだ使用されておらず、生産されていることさえ知らなかったのだが、調べてみたところ、いまだに生産されており、催涙弾の輸出は防衛事業庁と警察庁の許可のもと進行していたのだった。平和活動家たちはすぐに韓国産の催涙弾によってバーレーンの多くの市民が殺されているという事実を韓国社会に周知すると同時に、防衛事業庁と国会の前で記者会見を開き、政府に催涙弾の輸出を中断するよう求めた。その結果、追加輸出は防いだ。国際的連帯を基盤に目下の死を防ぐという大きな成果をもたらしたこのキャンペーンは、外国で発生する紛争と武力衝突に対してもわたしたちに世界市民としての責任があるということを直に感じる契機となった。

当然のことながら、バーレーンの状況は韓国の催涙弾輸出を防いだからといって解決されるものではなかった。当時、催涙弾を輸出していた企業はバーレーンへの輸出が撤回されると、トルコ政府への販売に転じたが、これも八方ふさがりになると、催涙弾の生産工場自体をトルコに建設した。こうした流れをみながら、個々別々の武器に集中するより武器産業自体にフォーカスを当てる活動が必要だという考えが固まっていった。

一方、同じ頃、空軍が主管していたソウルエアショーが「ソウル国際航空宇宙および防衛産業博覧会」（Seoul International Aerospace & Defence Exhibition, ＡＤＥＸ、以下ソウルＡＤＥＸ）という名前で復活した。韓国において防衛産業は「未来産業」、もしくは「外貨をガッポリ稼いでくれる産業」くらいに認識される傾向が強い。ソウルＡＤＥＸも大統領や国務総理が直接開幕式に参席し、祝辞を送るほど注目されているビックイベントである。派手なエアショーと最先端技術の集約体である宇宙産業博覧会のようにも映るソウルＡＤＥＸの実状は、さまざまな防衛産業体が参加し、殺傷武器を取引する市場だ。「戦争なき世界」は二〇一三年から、二年ごとに開かれるソウルＡＤＥＸの開催に反対する行動に着手した。わたしたちが伝えようとするメッセージはシンプルだ。いまここから

2021年ソウルADEXにおいて戦車にのぼって武器輸出を批判

戦争がはじまるのだから、いまここで戦争を止めようというものだ。

武器を買いにきたバイヤーのなかには、独裁政権が樹立された国家や内戦中の国家の関係者もいる。韓国で開かれる武器博覧会において売り買いされる武器は、国際紛争や内戦に使われている。二〇二〇年代の韓国は全世界の戦争市場において重要なエージェントとなっている。全世界で最も多くの国防費を使う一〇カ国に七年連続でランクインし、武器輸出の占有率においても世界一〇位を記録中であり、その占有率が最もめざましく上昇している国家なのである。韓国産の武器とデモ鎮圧用装備はバーレーン、イエメン、タイ、インドネシア、西パプア州などの地域において民主主義と人権を脅かし、さらには市民の生命まで奪っている。全世界で起こる戦争と武力衝突、そしてそれによる被害に韓国はかなりの責任がある。ＢＴＳが世界を股にかけ、多くの人びとに癒しを与えているあいだ、韓国産の武器はさまざまな紛争地域において人びとの生の基盤を破壊し、これらの人びとを難民に追いやっている。紛争による難民問題が韓国社会と決してかけ離れてはいない理由でもある。

15．難民を選択する人びと

監獄から出所したあと、「戦争なき世界」の友人たちと自転車旅行に出かけたことがある。ちょうど「戦争なき世界」が東京で開かれるあるイベントに招待されたので、わたしたちはイベント参加をかねて自転車旅行の目的地を日本に決めた。釜山から船に乗り、大阪へいったあと、大阪から東京まで約五〇〇キロを自転車で移動する計画だった。結果的に海抜千メートルを超える箱根山脈を前にして富士市で電車に乗らなければならなかったが、それでも計画していた五〇〇キロのうち三五〇キロを自転車で移動した。スマートフォンもなかった時代なので、長い旅程のあいだ、地図帳をみては道を探し、地図にない路地は現地のひとたちに尋ねながら進んだ。一緒に旅行した友人のなかに日本語ができるひとがひとりもいなかったので、道路の標識をみるのも容易にはいかなかった。ひらがなやカタカナではなく、なじみのある漢字を目にしただけでもうれしくなるほどだった。

気候や食べ物はまだなじみのあるほうだったが、この旅行をとおして母国語のない世界に対する感覚が深く刻まれた。それは単に言葉が通じないもどかしさではなく、わたしにとってなじみ深く、当たり前だったあらゆるものが、いまや作動しないという感覚に近かった。恐怖でもあり、孤独でもある感覚。旅行中、母国語のない世界で生きていくとはどのようなことなのだろうか、ということを考えてみたが、十分に想像をめぐらすことはできなかった。わたしにとっては、なかなか想像しがたい生き方だったからだ。国家主義を批判する立場にありながらも、国籍の外側は想像の及ばない領域だった。

だから、兵役拒否を理由に難民を選択するひとがいるという話をはじめて聞いたときの衝撃は極めて大きかった。宗教を変えたり、ましてや応援する野球チームを変えることさえ難儀なわたしにとって、国籍を変えることは想像しがたいことだったからだ。おそらく、母国語が通じない世界で生きることが母国語で疎通をとる監獄生活よりも怖かったのではないかと思う。ベトナム戦争中、脱走し第三国へ亡命した米軍兵士たちとかれらを援助した日本の平和活動家たちについての話はよく耳にしていたが、わたしはそれも「亡命」や「難民」というより、現役軍人の「選択的兵役拒否」という意味で記憶していた。それ以外の話は頭のなかで空回りし、たちまち消えてしまった。

そうこうしているうちに、二〇一一年、兵役拒否を理由にカナダへ亡命したキム・ギョンハンの事例に接した。そのときの衝撃は、オ・テヤンをとおして軍隊を拒否することができるという事実をはじめて悟ったときの衝撃と同じくらい強烈だった。そのあと、兵役拒否難民に対する感覚がより具体的に身近なものとして感じられたのは、キム・ギョンハンの亡命ニュースの二年後の二〇一三年、フランスから帰ってきたイ・エダの消息を聞いたときだった。

キム・ギョンハンは平和主義者として兵役を拒否したと知られてはいたが、具体的にどのような考えをもっていたのか、かれがいう平和主義が具体的に何なのかはメディアの短い報道だけではわからなかった。それに対し、イ・エダは平和主義者である自分がどうして難民を選択せざるをえないのかメディアのインタビューを通じてかなり具体的に明らかにした。かれは仏教を学び、いかなる生命も殺しはしないと誓い、その考えが兵役拒否につながったと明らかにした。そのようなかれに難民という選択肢を教えてくれたのは、一緒に兵役拒否について悩んでいた友人だったという。かれは兵役拒否をとおして韓国社会に言葉を発信しようとし、韓国社会で兵役拒否権が認定されるよう努力しようとした。かれにとって「兵役拒否者難民」というアイデンティティは、生の原則を守る個人的な実践であるのみならず、戦争と軍事主義に抵抗する方法であると同時に、兵役拒否を認めない韓国社会の変化を促す市民的不服従だった。

だが、わたしは依然として疑問をもっていた。なぜ監獄ではなく難民なのだろうか？二〇二一年の「世界兵役拒否者の日」（五月一五日）[†55]のイベントにパネルとして参加したイ・エダは、「韓国を離れたことを実感した瞬間はあったか」という質問に、「フランス社会も無条件に好きなわけではなく、しんどいところもあるが、韓国ではひとり孤立している気分を感じるときが多かった」と答えた。韓国で非主流、非国民の感覚で人生を生きてきたかれにとって、難民はすでに身近なアイデンティティだったわけだ。

イ・エダの消息が伝えられたあと、韓国の多くの兵役拒否者も主要な選択肢として難民になることについて悩みはじめた。かつて「戦争なき世界」に相談を要請しにくる兵役拒否者は、主に裁判の手順や収監生活について尋ねてきたが、イ・エダ以降、難民申請に対する質問が急増した。難民になることを選択するか悩む兵役拒否者は、明らかに以前の兵役拒否者たちとはちがっていた。ほとんどの場合、韓国社会の内部に安定的な生の基盤があった以前の兵役拒否者たちとはちがい、韓国を離れても失うものはべつにないと感じているという点で、韓国社会内部における境遇がちがっていたし、国家に対する感覚も異なっていた。

兵役拒否難民になるかどうか積極的に悩み、準備を進める者たちと出会うなかで、わたしはふたつの面で驚いた。ひとつ目はわたしが「難民」に対し、ひどい無知と偏見をもっていたことだ。難民といったとき、わたしの頭のなかに思い浮かぶイメージは非常に典型的なものだった。戦争や深刻な飢餓を避け、故郷を離れた者たち、あるいはパリでタクシー・ドライバーになるしかなかった洪世和のように、独裁政権と真っ向から対峙し、事実上追放された政治的亡命者がわたしのイメージする難民の姿だった。韓国の兵役拒否者は監獄に閉じ込められ、職業選択において一定程度の社会的差別を受けるとはいえ、それが戦場から逃れてきた難民のように、生命が危機にさらされるほどではなく、独裁政権に追われる政治犯のように、韓国に送還されれば死を覚悟しなければならない状況でもないと考えていた。もちろん、兵役拒否者は韓国で良心の自由を侵害されており、

---

†55　五月一五日は「世界兵役拒否の日」であり、戦争や軍隊に抵抗する人びとを祝う日になっている。もとは一九八二年の「ヨーロッパ兵役拒否者の日」からはじまった。一九八六年から「世界兵役拒否者の日」という名称を使いはじめたが、近年では、兵役拒否「者」としたとき、男性の兵役拒否当事者だけにスポットが当てられ、兵役拒否運動を主導している女性をはじめとした多様な諸主体が抜け落ちてしまうという問題意識にもとづき、「兵役拒否の日」という名称が使用されている。

フランスに亡命したイ・エダ

それは厳然たる人権侵害だが、深刻さでみると、いずれにせよ、現実においては韓国の兵役拒否者よりもさらに劣悪な境地に立たされた全世界の難民のほうがはるかに深刻だろうと思っていたのだ。いつの間にか、わたしは痛みの大きさで難民の資格を審査しようとする裁判官のように難民を判断しており、戦争難民などのべつの難民よりも「比較的ましな」韓国の兵役拒否者が難民になれるのか疑わしく思っていた。

ふたつ目は、既存の兵役拒否者たちと難民になるか悩んでいる新しい兵役拒否者たちとのあいだの韓国社会に対する感覚のちがいだった。平和運動をはじめとする社会運動の活動家たちは、口を開けば政府の誤りと韓国社会の問題点を指摘し、批判する。過激だとか、何でそんなに不満ばっかりなんだという誹りを周りの友人や家族から聞くことも多い。だが、この国がいくら「ヘル朝鮮」[†56]だとはいっても、わたしはここを離れる考えは一度ももったことがなかった。この国に、この社会に満足しているからではなく、母国語なき世界を想像したことがなかったからである。どこであれ、人間が暮らすところには少しずつ矛盾と問題があるものなのだから、いまいるここで最善を尽くし、社会を変えていくしかないとも考えていた。ところが、イ・エダ以降、兵役拒否難民を準備する者たちは、わたしと考え自体がちがっていた。必ず韓国で暮らさなければならない理由も、必要もなく、さらには自分はすでに韓国社会に属していないと思っている者たちも多かった。

この社会においてすでに非主流であり、非国民として自分を感じているがゆえに、ここを離れるのにも躊躇がない者たちと出会うなかで、わたしと以前の兵役拒否者たちが

†56　英語で地獄を意味するHellと朝鮮をかけあわせたインターネットの新造語。二〇一〇年頃から使われはじめた。「韓国は地獄に近く、まったく希望をみいだせない社会」という意味がこめられている。

享受してきた既得権についておのずと顧みるようになった。兵役拒否者たちは巨大な経済的・政治的権力をもっているわけではないし、当然セクシュアルマイノリティもいたが、ほとんどの場合、兵役拒否者は健常者で大学を卒業した男性だった。わたしもまた兵役を拒否するなかで非主流、非国民になる感覚をはじめて経験したくらい、この社会で大きな支障なく生きてきた。そのようなわたしからすれば、兵役拒否をする前からみずからをマイノリティと認識する者たちの感覚は、まったくなじみのないものだった。

一方では、兵役拒否難民になるか悩んでいる人びととの出会いは苦痛でもあった。自分が何者なのか何の説明もないまま、突然メールを寄こし、いきなり難民申請に必要な書類を送ってくれと要求してきたり、いま自分は海外の空港にいるので当該国家の人権団体の連絡先を教えてくれとメッセージを送ってくるひともいたのだが、かれらはむしろ紳士的なほうだった。外国行きの飛行機のチケットを「戦争なき世界」で買ってくれというひともいたのだから。韓国社会の軍事主義の問題にはまったく関心のないひとも多く、自分の難民申請にのみ没頭するあまり、「戦争なき世界」を難民申請サービスセンターと考えるひともいた。

徹頭徹尾韓国が嫌いで、この土地のあらゆる物事を否定する者たちの相談を受けるとき、わたしや「戦争なき世界」、さらには、あんたも、そこまで毛嫌いするその韓国社会の一部だという言葉がのど元まで出かけもした。韓国社会に対する呪詛のような言葉がここで生活を送っていこうとする人びとにどういうふうに聞こえるか考えてみたことはあるか、と問いただしてやりたかったが、そうはしなかった。

もちろん、自分の兵役拒否難民申請と韓国社会における軍事主義の問題に対する真摯な悩みから助けを求めてくる人びとも多かった。イ・エダのように、自分の難民申請が韓国社会の変化に少しでも寄与することを願う人びとも多かった。そして、かれらのおかげで兵役拒否の意味は国境を超えた広がりをもつことができた。これは、平和のために監獄行きを甘受することだけが兵役拒否だと考え、なのであれば、自分は兵役拒否者にはなれないと思っていた多くの人びとが新たに兵役拒否について悩むことのできる契機となった。

だが、残念なことに兵役拒否を理由に他国で難民として認定される事例は、両手で数えられるほどしかないくらい稀だ。韓国の政治的状況は、兵役拒否者の良心の自由を侵害しているが、かれらの生命を危険にさらす水準ではないからだ。難民に認定されたひとは、ほとんどが兵役拒否者であると同時に、セクシュアルマイノリティのケースだった。兵役を拒否すれば監獄に収監されるということに加え、韓国社会においてセクシュアルマイノリティが経験する差別が難民に認定される根拠として適用された。平和主義の信念だけで難民認定された者は、これまでイ・エダが唯一である。代替服務制も導入されたので、これからは兵役拒否を理由に難民認定を受けるのは、さらに難しくなるだろう。

一方、韓国社会と兵役拒否運動は、最近、またべつのかたちの兵役拒否難民と向き合っている。自国の戦争を避けて韓国にたどりついた他国籍の兵役拒否難民である。俳優になるのが夢だったヒシャムは、イエメンで反乱軍に徴集されたあと、脱走して韓国まできた。イエメン内戦において韓国産の武器は、政府軍と反乱軍の両者によって使用されたという情報が把握された。韓国政府はイエメン内戦に責任があるが、ヒシャムの難民申請は受け入れられなかった。

大韓民国は憲法と法律によって兵役拒否の権利を保護している。だが、まだ軍隊や戦争を避けて韓国にたどりついた兵役拒否者は、ただのひとりも難民として認定されていない。かれらが戦争を経験し、兵役拒否者になることに対し、韓国の責任が少なくない場合でもそれは変わらなかった。イエメン内戦に韓国産の武器が使われたことを知っているかと質問したとき、ヒシャムは驚いた表情を浮かべた。その表情に対し、わたしたちはどのような責任を負わなければならないだろうか。

16.「兵役法」の変化

朝早く美容室に寄って髪を切った。記者がたくさんくるはずだった。その日、わたしは司会をしないといけないので、すっきりとした端正な身なりでいないといけなかった。地下鉄に乗って安国（アングク）駅で降り、憲法裁判所に向かっているとき、空が曇っていて少し雨が降りそうだった。天気予報を確認してみたところ、幸い雨は降りそうになかった。雲はすぐに立ち去りそうにみえたが、細かいことひとつひとつが気になって仕方なかった。

憲法裁判所の前はすでに多くのひとたちでいっぱいだった。記者会見の定刻よりはやく現場にきている記者たち、一緒に記者会見を開く平和活動家たちと久しぶりに顔を合わす兵役拒否者たち、そして兵役拒否者はこれからもずっと監獄にいかねばならないと主張するひとたちがそれぞれ集団をつくっていた。兵役拒否に反対するひとたちのうち一部がわたしたちの方へ近づき、ヤジを飛ばしてきた。「北朝鮮へいけ！」とひっきりなしに声を張りあげる人びとをみないようにしつつ、わたしたちは静かに記者会見の準備に取りかかった。

憲法裁判所が「兵役法」の違憲可否について判決を出すと聞いたのは、わずか数日前だった。これまで「兵役法」に対する憲法裁判所の判決は二回出されたことがあった。二〇〇二年、当時のソウル南部地方法院パク・シファン判事は、兵役拒否者を処罰する「兵役法」第八八条一項が憲法に違反するかどうかを問う違憲法律審判を請求した。該当条項はつぎのようなものだ。

「兵役法」第八八条（入営の忌避等）一項
現役入営、または召集通知書（募集による入営通知書を含める）を受け取ったひとが正当な事由なく入営日や召集日からつぎの各項の期間が過ぎても入営しなかったり、召集に応じない場合には三年以下の懲役に処する。

二〇〇四年、憲法裁判所はこの条項が合憲であるという結論をくだした。しかし、これ以降も裁判を受ける兵役拒否者たちの憲法訴願は相次ぎ、二〇一一年に憲法裁判所は再び「兵役法」第八八条一項について合憲という結論をくだした。二度目の合憲判決以降にも兵役拒否者たちの憲法訴願はつづいた。また、兵役拒否者に対する下級審において無罪判決が二〇一五年六件、二〇一六年七件、二〇一七年四四件と大きく増加しはじめた。これにともない、そのうち憲法裁判所がこの問題について結論をくだすであろうという予感があった。そして、多くのひとたちが、慎重な言い方ではあったが、今回、憲法裁判所は兵役拒否権を認める方向で判決を出すのではないかと予想していた。急増しつつある兵役拒否の無罪判決を無視し、「兵役法」と憲法は矛盾しないという決定を、すなわち兵役拒否は依然として違法であり、兵役拒否者は例外なく監獄にいかねばならないという決定をくだすには、憲法裁判所にも負担がかかるはずなので、そのような決定をくだすようであれば、そもそも決定自体をもっとあとに延ばすのではないかという予測だった。

楽観的な期待が高まっていたが、それでもいざ憲法裁判所が決定をくだすとなると緊張した。さまざまな面から考えてよい結果が訪れる気がしたが、もしやという不安を完全に拭い去ることはできなかった。このように、みなが若干の興奮と緊張を抱いたまま、記者会見の場所を確保しながら憲法裁判所の決定を待った。憲法裁判所のなかにいた仲間や記者たちが時折、法廷の雰囲気をメッセージで知らせてくれた。時計をみると宣告予定時刻の午後二時はもう過ぎていた。気持ちがはやるなか、急に先ほどわたしたちにヤジを飛ばしてきたひとたちが集まっていた場所で歓声があがった。急に「何だろう？まさか……？」という不安にとらわれたが、何とか落ち着きを保ち、法廷にいる記者に発表は終わったのか尋ねた。いま発表の最中だが、どういう意味なのか解釈するのに手間取っているという返信が返ってきた。もとより法律用語はどういう意味なのか理解しにくいうえに、朴槿恵大統領弾劾審判が示したように、最も重要な結論は普通、最後に述べられる傾向がある。おそらく、兵役拒否を反対するひとたちは、誤解して宣告が終わっていない状況で歓声をあげた可能性が高いと思いつつ、動揺する心を落ち着かせた。

つづいて宣告が終わり、整理された結論が法廷の外にも伝えられた。憲法裁判官九名のうち六名が兵役法の該当部分は違憲であるという所見を出し、「兵役法」第五条一項は憲法に反していると決定。みんな喜びでいっぱいになり、さっきまで歓声をあげていた人びとは、混乱のなかで何がどうなっているのかわからないという表情をしていた。記者たちがわたしたちを取り囲み、カメラのシャッターを切りはじめた。

この決定がなされた翌年、憲法裁判所は堕胎罪についても違憲判決をくだした。ニュースに映っていた堕胎罪廃止運動の活動家たちは、その報せを聞いて互いに抱き合いながら号泣していた。それに対し、憲法裁判所の正門前でまったく同じように違憲判決を引きだしたわたしたちは、もちろん喜びはしたが、それを表したり泣いたりはしなかった。韓国社会で兵役拒否運動がはじまってから一八年、「戦争なき世界」の活動がはじまってから一六年、この判決は完全に平和運動の努力によってつくりだした成果だったが、その結果を聞いた瞬間、むしろ心が静かになった。その場にいたべつの仲間や兵役拒否者たちもそうだったのか、わたしたちのなかには歓声をあげたり、感激で泣き崩れたりするひとはいなかった。それに耐えかねた記者たちがわたしたちに万歳でも抱擁でもいいから何かポーズを取ってくれとお願いしてきた。それでわたしたちは記者たちのために精一杯嬉しそうな顔をつくり、互いに抱擁しあった。

その日、わたしたちは喜びを表現するのに、なぜここまで戸惑ってしまったのだろうか？　いまとなっては理解する術がない。ただ、肯定的に意味付与をするとすれば、憲法裁判所の判決以降も兵役拒否運動に残されている課題があまりにも多く、またこれからも困難な道が待ち受けているということを感知していたからかもしれない。その日の決定はたしかに兵役拒否運動の大きな成果であり、重要で歴史的な事件だったが、世の中のあらゆることがつねにそうであるように、変化は巨大な一回限りのイベントによって突如もたらされるものではない。過ぎ去ったあとではある瞬間に世界が変化したよ

憲法裁判所による違憲判決当日

うに感じるが、振り返ってみると、その変化がいつ起こったのかという境界は曖昧で、積もり積もった時間とさまざまなひとの努力がすべて絡まりあっている。違憲判決以降にも無数の時間と努力が積み重ねられてこそ、本当の変化を得ることができるということを、わたしとわたしの仲間たちはよく理解していた。

このような予感には現実的にはっきりとした理由があった。事実、そもそも今回の憲法裁判所の判決自体が兵役拒否運動の前途が容易ではないだろうということを象徴的に示しているからである。従来、問題になっていた「兵役法」の条項は第五条ではなく、第八八条一項だった。兵役拒否者は

第八八条一項により「正当な事由なく」入営しないものとみなされ、告発されて処罰を受けた。無罪を宣告した判事たちの場合、兵役拒否を「正当な事由」として認定する一方でこの条項を避けていた。

ところが、前述したように、憲法裁判所が違憲判決をくだした「兵役法」の条項は第五条だった。「兵役法」第五条の条項は兵役の種類を規定する条項である。現役、予備役、補充役など多様な兵役の形態がこの条項をとおして具体化される。したがって、違憲判決の内容は、「兵役法」第五条において「代替服務」を規定していないために、兵役拒否者は現役や予備役、あるいは補充役などに代わる代替役を遂行することができず、その結果、兵役拒否者が「兵役法」に違反せざるをえないようになっている。よって、これが良心の自由を侵害しているというわけである。

裁判官たちは第八八条一項について違憲を趣旨とする判決をくだした場合、これを悪用するひとが出てくることを憂慮し、総じて否定的だった。こうした状況において、八八条一項に手をつけるのには反対だが、だからといって兵役拒否者を処罰するのも問題であると考える裁判官たちを説得するために、一部の裁判官たちが新しくアイディアを絞った結果が「兵役法」第五条の兵役の種類を問題にすることだったのである。このアイディアがツボにはまり、憲法裁判官六名が「憲法不合致」意見を出し、憲法不合致決定がくだされることになったのだ。「単純違憲」というかたちで決定がなされなかったのは、いますぐに違憲判決をくだせば、社会的な混乱が予想されると判断したからである。これにともない、「兵役法」第五条は二〇一九年一二月三一日まで一時的に維持されるが、その期間のあいだに国会が代替服務を規定した条項を新たに作成するなど、関連条項を改定し、代替服務制を施行せよというのが結論だった。こうして、植民地支配から解放されてから七〇年余りのあいだ、一万九〇〇〇人以上の若者を監獄に送った「兵役法」がついに変えられたのである。

一年に数百人ずつ監獄にいく状況は早期に改善することができたが、処罰条項がそのまま維持されたのは明らかな限界だった。これまで良心の自由を処罰してきた国家の責任について議論することのできる機会は、またべつの時機を待つしかなくなったからである。過去に兵役拒否者を強制的に徴集し、強圧的に軍事訓練を強要する過程で多くのひとたちが死亡したり、傷を負ったりしたが、それに対する国防部や兵務庁の責任をともなった反省、あるいは謝罪という問題に関しては社会的に議論されるにいたらなかった。そして、これをイシュー化できる雰囲気も簡単には形成されなかった。そのような状況のなかで、わたしたちはまず、未来の問題に力を集中させる必要があると判断した。国防部の態度や国会議員らの理解度を考慮するならば、代替服務も懲罰の性格を帯びた制度として導入される可能性が高かったために、より一層将来の問題に集中することが重要だった。

憲法裁判所の決定があった二〇一八年六月二八日、わたしたちはだれも泣かず、喜びを表出するには落ち着く暇さえない状況だった。記者会見が終わり、いくつかのメディアの追加インタビューがひとしきり押し寄せてきたあと、参与連帯の二階の講堂を借りてささやかなパーティーをおこなった。兵役拒否者、平和活動家、何人かの弁護士や研究者たちが集まり、兵役拒否運動の勝利を祝った。劇的な涙はなかったが、わたしたちはみな心の底から喜び、夜通し祝いあった。今後、この喜びが残された課題を解決していく柱になってくれるだろうとも思った。

だが、振りかえってみれば、一滴の涙さえ流すことができなかったのは、いまでも少し残念だと思いもする。生涯活動家として暮らしても、勝利や成功を祝う瞬間は何度もないはずだが、いま考えても涙を惜しみすぎたのではないかと思う。つぎの機会がくれば、そのときはわたしも大泣きしなければ。

17. 代替服務制が導入されるまで

どうすれば世界はよりよい方向へ変わるのか？　だれかにそう問われたなら、わたしは堂々とした口調で答える。

「社会運動が世界に変化を起こす」

もちろん、社会運動は成功するより失敗するケースのほうが多い。社会運動が設定する目標は、そもそも達成しやすいものではない。簡単に変えられる問題なら、あえて社会運動が取りあげなくてもいい。政党が主導する議会政治でも解決していくことができるはずだからだ。したがって、社会的にセンシティブな問題と思われていたり、まだ人びとに簡単には受け入れられていないイシューを普遍的なイシューにするために人びとを説得し、そうすることで制度を変化させることは間違いなく社会運動の役割だ。当然のことながら、成功より失敗が多く、成功するまでには長い時間がかかる。その過程が非常に困難でハードなために、多くのひとが途中で断念したりもする。だが、たしかなのは、最終的に社会運動は世界を変化させる方法を必ずみつけだすということだ。ヨーロッパで女性の参政権が保障されたのも、アメリカで黒人を差別する法条項がなくなったのも、韓国で戸主制が撤廃されたのも[†57]、障害者が利用できる低床バスが導入されたの[†58]も、大統領を直接選挙で選べるようになったのも[†59]、すべて社会運動が生みだした変化である。

代替服務制の導入も同じだ。ほかのさまざまな変化と同じように、これも少数の政治家の善意、あるいは法律のエリートたちの時代に先駆けた慧眼によってもたらされた変化ではない。もちろん、国会で代替服務制の立法化のために努力した政治家たちや、国際法や憲法を精査し、兵役拒否者が無罪になるよう尽力した法律家たちも重要な役割を果たした。エホバの証人の兵役拒否者たちの存在は、政治家たちがこの問題から顔を背けられないように強力な力を発揮した。

だが、それだけでは不十分だった。数十年間、毎年数百人のエホバの証人の信者が監獄に収監されても、この問題は社会問題として認識されなかった。兵役拒否と代替服務制の導入が社会問題として議論されはじめたのは、兵役拒否運動がはじまってからだった。そして、絶えることなく現れる兵役拒否者たちがいた。兵役拒否運動を牽引してきた「戦争なき世界」の平和活動家たちと、絶えることなく現れる兵役拒否者たちがいなければ、代替服務制の導入ははるかに遠い未来の話だっただろう。

植民地支配を経て戦争を経験してから一〇〇年も経っていない国において、社会全般に軍事主義が浸透し、北朝鮮との軍事的対立がつづいている国において、「戦争なき世界」のように小さな団体が主導する兵役拒否運動が、代替服務制の導入という巨大な変化をつくりだすことができた理由は何だったのだろうか。

韓国の兵役拒否運動は、開始当初から国際連帯を基盤にしていた。国連をはじめとした国際機関の公式的な規約や勧告を積極的に活用したが、これは兵役拒否が人権問題と

---

†57　植民地期、朝鮮には父系血統の男性を中心にした戸主制度が導入され、解放以降の韓国でも、憲法において男女平等が謳われているにもかかわらず、その制度は維持された。それに対し、戸主制廃止要求が一九五〇年代から起こり、民主化を経て戸主制廃止に関連した運動が再び盛りあがりをみせたあと、二〇〇五年三月に戸主制度は全面的に廃止された。

†58　障害者の「移動権」の保障を求めて障害者団体が活発な要求活動を展開した結果、ソウルでは、二〇〇三年から低床バスが導入されはじめた。

†59　朴正煕の維新時代から全斗煥の新軍部独裁時代にいたるまで大統領の選出は議会による選出のかたちをとった。そのため、一九八〇年代中盤以降、民主化運動のなかで大統領直接選挙の導入が要求事項のひとつとなった。一九八七年、当時の盧泰愚大統領候補が民主化を承認する「六・二九宣言」を発表したが、そのなかで憲法を改正し、直接選挙を導入することが確認された。

して議論されたり、法廷での無罪判決を引きだしたりするのにも影響を及ぼした。戦争抵抗者インターナショナル[†60]（War Resisters' International）のような国際的な反軍事主義団体の活動家たちとの連帯は、兵役拒否運動を平和運動へと拡張させた。多様な大陸、多様な人種の平和活動家たちと連帯していくなかで、わたしたちは代替服務制の導入が兵役拒否者の良心の自由を保護する方法であることを理解するとともに、さらには、戦争に抵抗する直接行動というものを知るようになった。韓国社会は平和問題を朝鮮半島、あるいは東北アジアの秩序のなかで思考する傾向があるが、幅広い国際連帯はより広い世界的な構造のなかで戦争がどのように起こり、進められていくのかを考察するようにさせてくれたし、それに対して平和運動によってどのように抵抗することが可能なのかについて考えさせてくれた。

兵役拒否運動が代替服務制の導入という変化をつくりだすことができたもうひとつの大きな要因はフェミニズムにある。すべての兵役拒否者がフェミニストなわけではないが、兵役拒否運動はフェミニズムの問題意識と無関係ではない。「戦争なき世界」は組織の構成、運営、運動のビジョンと方法など、あらゆる面でフェミニズムの問題意識を共有し、ジェンダー平等をめざしてきた。

二〇〇〇年、韓国ではじめて兵役拒否運動をはじめたオリは、その当時「運動社会の性暴力根絶一〇〇人委員会」[†61]の活動をしていた。兵役拒否運動の出発点がオリだったのは偶然かもしれないが、わたしはオリがフェミニストだったがゆえに、兵役拒否運動についても真剣に考えることができたと思っている。わたしと学生運動の仲間たちもまた、二〇〇〇年初頭の大学周辺で巻き起こったフェミニズムの影響を受け、あらゆる社会運動がフェミニズムと出会わなければならないという考えを当然のことと考えており、そうした状況のなかで兵役拒否運動と出会った。オリ、ヨオクとつづく兵役拒否運動内部の女性のリーダーシップは、無意識なままだと男性中心に展開されやすい兵役拒否運動に欠かすことのできない緊張感をもたらした。男性の兵役拒否者や特定の人物だけに関心が集中したり、運動の成果が集中することを警戒し、疎外されるひとがいないように

---

†60　一九二一年、戦争なき世界の構築に寄与するという趣旨のもとに創立された国境を超えた国際反戦グループ。現在でも各地域の反軍事主義運動や平和運動団体のネットワークを構築しており、その数は四〇ヶ国で八〇以上の団体に及ぶ。なお、事務局はロンドンに設置されている。

†61　従来、隠蔽されてきた運動社会内部の性暴力の実情を広く知らせ、再発防止に取り組むという趣旨のもと、二〇〇〇年から二〇〇三年まで活動したフェミニストグループ。

民主主義的な方法で団体と運動が回っていくことに多くのエネルギーを注いだために、兵役拒否運動は生産的な緊張関係のなかで成長することができた。

フェミニズムは、兵役拒否運動を平和運動として位置づける際にも多大な影響を及ぼした。わたしも軍事主義と軍事安保に対する批判の言語をフェミニズムから学んだ。軍事主義は二分法にもとづき機能し、たえず二分法を強化する。軍隊にいく「正常な」ひとと軍隊にいくことのできない「異常な」ひと、友軍と敵軍、保護者と被保護者、勝利と敗北。こうした世界では「正常な」ひと（健常者、異性愛者、男性、そして軍人）が「異常な」ひと（障害者、セクシュアルマイノリティ、女性、移民、そして兵役拒否者）を保護する。これこそが軍事主義的な安保意識であり、これは必ずしも軍隊のなかだけで機能するものでもない。

たとえば、検事たちが兵役拒否者に投げかけた質問をもう一度考えてみると、軍事主義的な安保意識がいかに根深くしみついているかわかる。強盗が妹を強姦しようとしているときどうするのかという質問や、韓国の軍事力が弱かったために日本軍「慰安婦」問題が発生したのではないかという質問には、「守ってあげる」存在としての男性と「保護される」存在としての女性が前提視されている。「保護されるのはいいことなのではないか」と考えるひともいるかもしれないが、自分の安全を守る主体の位置につねに健常者男性がおり、それ以外のほかの存在は必ず受動的な位置におかれるというのは明らかに問題だ。さらに、保護される存在は、一方では略奪される存在でもある。戦場で起こる敵国女性に対する強姦をまるで戦利品のようにみなしたり、それを敵軍の軍人の男性性を毀損する行為とみなす思考と、兵役拒否者に対する検事の質問の距離は非常に近い。フェミニズムの視座からみるとき、フェミニズムが投げかける問いをとおして、わたしたちは軍隊の内外に深くしみついている軍事主義と男性中心主義を読み取ることができる。

代替服務制の導入は、国際連帯をとおして兵役拒否をめぐる人権問題を浮き彫りにし、他方では平和運動としての兵役拒否の意味を拡張したが、とりわけフェミニズムとの深いつながりのなかで兵役拒否運動の哲学やビジョン、運動の方法が磨きあげられ、多くの人びとを説得できたおかげで実現できた。

代替服務制の導入は、間違いなく意味のある変化だ。そして、わたしたちはここからそれ以後の話をしなければならない。これをテコにし、どこへ向かうべきだろうか？安保概念の変化、守るひとと保護されるひとを選り分ける軍事主義の変化、労働をめぐる性別固定観念の打破、朝鮮半島と東北アジアの軍事的緊張関係の緩和など、何でも可能なようにみえる。だが、このようなバラ色の未来を夢みる途中で突き当たったのは、極めて現実的な悩みだった。

18. 批判を超え、代案を語る

あなたがたが次のように問いかけているのはもっともです。「なぜ直接行動をするのか。なぜシットインやデモ行進をするのか。交渉の方がよいのではないか」と。あなたがたが交渉を呼びかけておられるのは全く正しいのです。実際、これこそがまさに直接行動の目的なのですから。非暴力直接行動が求めているのは、交渉を絶えず拒否してきた共同体が提起されている問題に直面せざるをえないような危機を作り出し、緊張を生み出すことなのです。つまりもはや問題を無視できないように劇的に提示しようと求めているのです。

――マーティン・ルーサー・キング「バーミングハムの獄中からの手紙」
一九六三年四月一六日付けの公開書簡[†62]

「戦争なき世界」を結成し、本格的に活動をはじめた当初、事務局の活動家たちはみ

---

†62　クレイボーン・カーソル編『マーティン・ルーサー・キング自伝』梶原寿訳、日本基督教団出版局、二〇〇一年、二二七頁。

な駆け出しだった。学生運動を経験してはいたものの、兵役拒否という特定の主題のキャンペーンを牽引していくには、あまりにも経験が足りず、社会的な影響力もほとんどなかった。それでも兵役を拒否した当事者が、多くのひとたちのおかげで注目を浴びたり、存在感を発揮するときもありはしたが、せいぜいそこまでだった。わたしたちは兵役拒否当事者として注目を浴びただけで、兵役拒否について専門的な知識をもっているとは思われず、当然のことながら、政府の関連部署に兵役拒否問題に関する重要な交渉相手として認識されることもなかった。当初は必ずしもそれが悪いことだけでもなかった。特段背負うべき責任もなかったわたしたちはひたすら勇敢だった。政府を批判するにも社会運動の先輩たちを批判するにも躊躇がなかった。存在感が薄かったので、代案なく批判だけ書き連ねても、大々的にわたしたちを非難するひともいなかった。

だが、一年、また一年と年月が流れるにつれて積み重なっていく経験の厚みにともない、「戦争なき世界」の役割も大きくなっていった。当然、わたしたちが感じる責任感も大きくなっていくばかりだった。以前は好き勝手に話したいと思ったことをすべて話したとしても耳を傾けてくれるひとはいなかったのに、いつの間にかメディアでは「戦争なき世界」の言葉を記事で引用し、国会議員や国防部、法務部のような政府省庁からも頻繁に意見を求められはじめた。マーティン・ルーサー・キングの言葉のように、兵役拒否者たちの直接行動は、兵役問題を劇的なかたちで表面化させることで、これ以上政府が無視できないようにさせた。「戦争なき世界」はその中心にいたので、政府が兵役拒否問題を取りあげる際、無視できない存在になった。これはたしかに望んでいたことではあったが、一方ではふと怖気づきもした。「戦争なき世界」の言葉が活字化されたり、あるいは政府の重要な決定に影響を与えうるということは、いいかえれば、わたしたちが誤った判断をしたり、十分に理解しないまま何かについて述べる場合、それがそのまま関連制度に悪影響を及ぼす可能性があるということを意味するからだ。

　二〇一八年六月二八日の憲法裁判所の決定以後、わたしは特にいままでになく大きな恐怖を感じた。それまでわたしたちは司法府、立法府、行政府とそれぞれ関係を結び、キャンペーンを展開し、時折部分的に協力することはあったが、ほとんどの場合、わたしたちは問題を提起し、国家は回答する、という関係だった。いいかえれば、「戦争なき世界」はシステムの外からシステムを批判する立場だった。ところが、憲法裁判所の決定によって兵役拒否が法的に認定されるようになるなかで状況は一変した。わたしたちは以前と同様に国会議員や国防部、兵務庁関係者と会っているが、議論する内容が明らかに変わった。いまや、原則論的な次元の批判を超えて、現実的で具体的な制度的代案について話さねばならず、それは兵役拒否運動をずっと牽引してきた「戦争なき世界」が担わなければならない役割でもあった。

個人的に最も難しい点は、わたしたちの決定と選択が兵役拒否者たちの生に直接的な影響を及ぼしうるということだった。もちろん、ひとりで決定をくだすわけではなく、優秀で立派な仲間たちと意見を共有するので、負担感は軽くなりはするが、わたしにとってはその軽くなった負担感ですらまったく手に負えなかった。以前は政治的に、道徳的に正しい話をしてさえいれば自分たちの責任を果たしたと考えていたが、わたしたちのちょっとした一言が数百人の兵役拒否者の生に影響を及ぼしうる状況になると、わたしたちが負わなければならない責任感の重さも変わった。こうした状況で活動家たちはつねに葛藤を感じざるをえない。運動の価値を守ることは、ときに当事者のさらなる犠牲を招くこともあるが、そうした場合、どのような選択ができるのか、そもそもわたしに選択する権限や権利があるのかたえず自問するようになる。

具体的に例をあげれば、つぎのような状況である。「戦争なき世界」は持続的に長いあいだ、国連などの国際機関と国内の人権団体が提示してきた基準通りに、代替服務の期間が軍服務期間より一・五倍（二七ヶ月）以上になる場合、それは人権侵害だと主張してきた。ところが、国防部は軍服務期間の二倍（三六ヶ月）を主張し、その後折衷案として約一・七倍（三〇ヶ月）にしようとする話が出てきた。こうしたとき、わたしたちはどうすべきだろうか？　この間主張してきた原則を守り、一・七倍の折衷案を拒否しなければならないのか？　兵役拒否の当事者たち、とりわけ韓国で兵役拒否者の大多数を占めるエホバの証人の信者が一・七倍の期間でも構わないといったならば？　それでもわたしたちが余計な原則を固持し、交渉が決裂し、国防部の主張通り代替服務期間が三六ヵ月と定められる場合、むしろ問題なのではないか？　だからといって、いままで守りつづけてきた原則と主張をあたかも存在しなかったかのように無視してもいいのか？　これと似たような問題は非常に多い。代替服務制度と関連し、山積した問題点を改善するのに、何を優先的に考慮しなければならないのか、この問題は譲歩できない、この問題は後回しにしてもいい、ということをだれが決めることができるのだろうか？

団体の決定が将来の数多くの兵役拒否者に影響を及ぼすという負担感とは次元がちがうが、「戦争なき世界」が求められることが多くなるにともない、変化した社会的位置もまったく経験したことのないもので難しさを感じた。代替服務制関連法案を作成し、施行令をつくる過程で「戦争なき世界」の要求がすべて受け入れられたわけではないが、少なくとも国防部や国会は「戦争なき世界」をはじめとする市民団体の声を無視できなかった。代替役審査委員会の審査委員もまた、「戦争なき世界」の推薦により大勢が選定された。いまや、わたしたちはシステムの外部に位置する存在ではなく、システムに一歩足を踏み入れた場所にいるようになったのだ。実際、ある意味ではこれこそが運動の成果であり、実質的な変化を引きだすためにも、社会運動はシステムに積極的に介入する必要がある。原則論的には難しくない問題だが、世界のあらゆる問題がそうであるように、現実はいつも曖昧模糊としており、明白ではない。

代替服務は結局、三六ヵ月間矯正施設で合宿服務をすることに決められた。現役軍人の服務期間の二倍にもなる韓国の代替服務期間は世界最長の代替服務で、これ自体が懲罰的であり、国連など国際機関の是正勧告を受ける可能性が非常に高い。服務領域を矯正施設に固定したのも代替服務制をとおして医療、福祉、災害支援など、社会の多様な公的な領域での空白を埋め合わせるほかの国の事例に照らしてみれば、多くの点で不十分なのは事実だ。また、韓国は入隊前と転役後の予備軍訓練についてのみ兵役拒否を認めているが、現役軍人の兵役拒否権を認めていないのは明白な良心の自由の侵害であり、予備軍兵役拒否者との公平性の面でも整合性がない。

代替服務を申請し、審査を受ける過程でも大小さまざまな問題が明らかになった。事実上の同意書として機能する親の陳述書を提出しなければならないといったことや、審査過程で良心的兵役拒否に対する理解度が低い調査官と審査委員が人権侵害的な質問をする状況が発生しもした。[*11] これはあくまで大きな問題を例に出したにすぎず、実際に法と制度が施行される過程で発生する細かな問題はもっと多い。この問題を指摘し改善していく過程でもさまざまなジレンマに直面するだろう。

もちろん、このような悩みは兵役拒否運動だけのことではない。団体交渉の妥結を目の前にした労働組合の活動家、各種人権関連の法律制定運動を展開し、立法化まであと一歩のところで法案の通過という現実と通過させるために諦めなければならない条項を天秤にかけなければいけない人権活動家、被害補償を主張し、長い期間企業や国家と闘い、要求条件の相当部分が受け入れられたが、ある条件は諦めなければならない状況におかれた当事者運動の活動家など、みなが同じような悩みを抱えているだろう。現実的な限界と運動の価値のはざまで活動家の権限と責任について悩み、運動の方向性と意味について悩み、団体の決定によって影響を被るであろう当事者たちの生について悩まざるをえない。

長いあいだ、兵役拒否運動を展開してきた「戦争なき世界」は、その年月の重みと同程度に影響力と責任をもつようになった。わたしはつねに兵役拒否のイシューについて「戦争なき世界」の声が、活動家たちの役割が社会的に大きくなる状況を願ってきたが、いざそうなってみると、思っていたよりもしんどくて難しく、恐ろしい位置に立つようになったと実感している。現時点で自分ができることは、この過程を正否の問題ではなく、選択と集中の問題として考えることだ。こらえて決定し責任を負わなければならないということはよく理解している。耐えなければならない存在の重さ、あるいは責任感に打ち克つのもわたしの月給に含まれているはずだし、代替服務制の導入以降経験している困難はこのような負担感だけに起因するものでもなかった。事実、難易度がより高い問題はべつにあった。

19.「偽」兵役拒否者、「偽」難民、「偽」トランスジェンダー？

代替服務制の導入は、兵役拒否運動の終わりではなく、はじまりである。わたしが考える、あるいはわたしが成し遂げたいと思っている兵役拒否運動の目標は、兵役拒否者が監獄にいかなくてよいというところにとどまらず、兵役拒否をとおして戦争を中断させたり、戦争が起こらないようにすることだ。いいかえれば、兵役拒否運動は平和運動とつながっている。ところが、いざ代替服務制が導入されると、これはたしかにはじまりではあるのだが、終わりとはじまりが曖昧なかたちでぐしゃりと重なり合っており、終わりなのかはじまりなのか判然としない風景がそこにあった。新しいものが到来しておらず、いまだに古いものが存在する状況のなかで、運動は古いものに対抗する役割を担うと同時に、新しいものについて語る役割をも担わなければならなかった。

いまだに兵役拒否者は監獄にいくべきだと考える者たちは、新しい時代に古い風景を演出する。代替服務制の導入決定前にすでに裁判を受けていた兵役拒否者たちの裁判が再開されたが、この裁判でも検事の審問内容は二〇年前と別段変わっていなかった。変わったものといえば、かつては「強盗があなたの家族を襲おうとするとき、暴力で抵抗しないのか？」という質問が、「一九八〇年光州民主化運動当時の市民軍による武力抵抗をどのように考えているか？」という質問に変わったことくらいだ。実際には、このふたつはまったく同じ質問だと考えても差し支えない。質問の目的が相変わらず兵役拒否者の良心を毀損し、兵役拒否の正当性を攻撃しようとするものだからだ。兵役拒否者がどのように応答しようとも検事の結論は決まっている。暴力を容認しながら非暴力主義者だと名乗る非良心的な人間にされたり、道徳的・政治的に問題のある人間にされてしまうのだ。

良心を検証するという名目で良心を毀損することは、さまざまなかたちでつねに起こっていた。しかし、最もアイロニカルなのは、いまや良心の前に「偽」という言葉がつくようになったことだ。憲法裁判所の決定以前の兵役拒否者たちは、監獄にいくことはあっても、その良心の真偽を疑われはしなかった。監獄にいくことを十分に理解しながらもそれを選択した者たちだっただけに、疑いの余地がなかったのだ。だれが良心を盾に取り、監獄行きを希望するだろうか。したがって、兵役拒否に反感をもったり、代替服務制の導入に反対してきたひとたちも、兵役拒否自体に反対するだけで、兵役拒否者の良心が偽物だとか、嘘だと疑ったりはしなかった。わたしも兵役を拒否したために数えきれないほどの悪態をつかれはしたが、偽兵役拒否者だとか、偽の良心だといわれたことは一度もなかった。

ところが、憲法裁判所の決定以降、いいかえれば、兵役拒否が法に違反する行為ではなく、兵役拒否者が監獄へいくこともなく、代替服務が可能になったときから「偽の良心」という言葉が登場した。憲法裁判所の決定前に兵役拒否を宣言し、すでに裁判が進行中だった兵役拒否者たちの裁判が再開されると、かれらは裁判の過程でたえず良心の真偽を疑われた。結局、有罪を宣告され、監獄に閉じ込められた兵役拒否者もいた。むしろ兵役拒否を宣言し、すぐに拘束されていたならば、少なくとも良心が偽物だと疑われはしなかったはずだが、兵役拒否がいまや違法でなくなった状況においては、かれらの良心が判事によって偽物だと判断される可能性が生じたのである。憲法不合致決定前にすでに監獄へいく心をもち、兵役を拒否していたことは裁判で考慮されなかった。

代替服務制の導入以降、入営通知書を受け取り、兵役を拒否する人びとは、裁判の代わりに、代替役審査委員会を通して良心が真実なのかどうかを審査される。代替役審査委員会の審査過程は裁判の過程より穏やかに進められるが、それとはべつに良心が偽物なのではないかと勘ぐられるのに変わりはない。いったいだれが良心をでっちあげてまで軍服務期間より二倍も長い代替服務を選択するのかと抗弁しても無駄だ。結局のところ、兵役拒否者は前科者にはならない「チャンス」を与えられた代わりに、たえず自分の良心を疑われる状況になったのである。

これは検事と判事をはじめとして韓国社会がいまだに個人の良心について真剣に考えていないからだが、他方では個人の思想、信念、アイデンティティを国家や社会が審査し、裁断し、決裁することに対する問題意識がないためでもある。この影響を受けるのは単に兵役拒否者だけではない。たとえば、難民問題を考えてみるとよい。二〇一八年、済州島にイエメン難民が到着したとき、韓国社会では難民問題がホットイシューになった。難民問題について特に知識のなかったわたしは、これを契機に韓国での難民審査の手続きとその過程で難民の人びとが受ける質問について知るようになり、これをとおしてこの間難民がどのような状況に直面しており、どのような待遇を受けていたのかもわずかながら知るようになった。そして、驚くべきことに、難民審査の過程は兵役拒否者の裁判過程と非常に酷似していた。

存在それ自体が証拠である人間を前にして国家と社会は証拠を要求する。切迫していたにちがいない脱出過程を経てここにたどり着いた難民に対して難民である証拠を出せといい、存在論的動機である平和主義の良心を理由に兵役を拒否する兵役拒否者に対して良心の証拠を出せという。両者の場合とも物質性のある証拠は存在しにくい。結局、難民と兵役拒否者はいとも簡単に「偽物」というフレームに当てはめられ、非難される。審査もまた「偽物」ということを前提にして進められる。立証責任を完全に個人になすりつけたまま、国家と社会は色眼鏡をかけ、「さぁ、お前が偽物ではないということを証明してみろ」という態度で審査に臨む。

ドイツの劇作家で詩人のベルトルト・ブレヒトの詩のなかに「民主的な判事」という作品がある。その詩には、市民権の審査を担当する判事と審査を受けにきたイタリア出身の食堂の主人が出てくる。英語が話せず、市民権の審査のあらゆる質問に「一四九二年」と答える食堂の主人は三度追いかえされるが、判事は労働者として貧しく暮らすがゆえに新しい言語を学ぶことができないかれの境遇を知り、質問を変える。アメリカ大陸が発見されたのはいつかと質問し、かれが市民権の審査を通過するようにしたのだ。この詩が語っているように、民主主義社会において苦悶すべき問いは、だれを排除すべきかではなく、わたしたちはいかにして共に生きることができるのかに向けられるべきだ。そうした点において兵役拒否者と難民に対する国家機関の態度は民主的でない。

わたしは国家がひとりの人間の存在や権利を思うがままに裁く事例をもっと探したいと思った。そのような悩みをＳＮＳに投稿したところ、公益人権弁護士会「希望をつくる法」のハン・ガラム弁護士がトランスジェンダーの性別変更審査と関連して意見を共有してくれた。代替服務申請とはちがい、性別変更審査では親の陳述書は必要ない。だが、審査の過程は権利の保障というよりも、国家が個人に恩恵を施すかのように進められるというのだった。また、ハン・ガラム弁護士は、軍事主義が性別変更審査の過程にどのような影響を及ぼしているのかについても共に議論してみたいともいってくれた。

こうして兵役拒否者の審査と難民審査、トランスジェンダーの性別変更審査の類似点と差異をより詳細に調べるために、三つの主体がひとつの場に集まる機会が設けられた。二〇二〇年、世界兵役拒否者の日である五月一五日の二日前に開かれたこのトークショーのタイトルは、「そんな難民、兵役拒否者、トランスジェンダーはいない」だった。難民人権センター、少数者難民人権ネットワーク、希望をつくる法とともに準備を進め、同じ主題で現実を風刺するコントもつくった。[*12] 毎年、世界兵役拒否者の日になれば代替服務制の導入を主張し、街頭行進をおこなっていたが、状況が変わったのに合わせて審査過程を批判的に検討する企画は、時期的にも、内容的にもぴったりだった。

イベントを準備する過程でそれぞれの事例を比較、調査して勉強していたわたしたちは、それぞれの審査で一貫しているひとつの基準をみいだすことができた。わたしはそれを「正常性イデオロギー」と呼びたい。難民、兵役拒否者、トランスジェンダーが直面する審査はすべて、正常なものとそうでないものを区別し、正常性から逸脱する性質を排除するかたちで作動していた。ここでいう「正常性」とは、それ自体がアイデンティティであると同時に権力である。男性、健常者、異性愛者のように、社会において普遍とされる性質のものは「正常」だとみなされる。その反面、女性、「男らしく」ない男性、セクシュアルマイノリティ、障害者、移民などは「正常」から脱落した人びとである。これらの人びとはときには難民であり、兵役拒否者であり、トランスジェンダーだった。

審査はこうした人びとの権利を保障したり、そのありのままの姿で市民として認定するのではなく、これらの人びとを社会的に「まともだ」とされる姿にはめこむ、いいかえれば、これらの人びとを「正常性の世界」に編入させる過程として進められていた。この審査は国家機関が法の名のもとに施行してもいるが、ときには社会が常識の名のもとに遂行しもする。「常識」から逸脱した「正常」でない性質を受け入れられない社会は、そのような人びとに「偽」というレッテルを貼る。「正常性」は審査の基準になると同時に、審査過程をとおしてその地位をさらに堅固なものへと強化する。

また、正常性イデオロギーは軍事主義の作動様式とも似通っている。世界をふたつに分けるのが軍事主義の慣例である。敵軍と友軍、戦争と平和、勝利と敗北が軍事主義の世界だ。これは正常性イデオロギーが世界を正常と異常に分けて認識させるのと同じ方式である。

軍事主義は、国家主義、家父長制、性差別主義に密接に影響を与えあいながら作動する。例をあげれば、戦争が発生した場合、男性は強制的に徴集され、戦闘を遂行するというかたちで搾取され、女性は軍部隊付近の性売買密集地域において軍人男性から性的に搾取される。男性・女性とも貧しい者たちがより多くの搾取を受けるという点は共通しているが、搾取の原因や男性と女性が搾取される様相は異なっており、そのような差異が生みだされる背景には国家主義と家父長制、そして性差別主義が作動している。マイノリティのアイデンティティを審査する国家の審査制度もまた同様である。トランスジェンダーは性別変更審査において、「住民登録上の性別通りの外見、行動をしているじゃないか」と嘲弄され、兵役拒否者は国家の呼びかけに応じることのできない「男らしくない」臆病者だと嘲笑される。

国家が兵役拒否の良心を審査する過程は、奥深くで正常性イデオロギーともつながっている。わたしはこのことを難民運動、セクシュアルマイノリティの運動と共同作業をするなかではっきりと理解した。これは、兵役拒否の社会的意味と反軍事主義運動の領域をさらに拡張したいと思っていたわたしたちにとって、とてもうれしい発見だった。だが、依然として問いは残っている。兵役拒否運動が難民運動と出会い、セクシュアルマイノリティの運動と出会うとき、共闘するわたしたちは具体的に何をなさねばならないだろうか？　何をなすことができるだろうか？

20. 代替服務という出発点

二〇〇一年にオ・テヤンが兵役拒否を宣言してから二〇年が過ぎた。二〇年という歳月のあいだ、わたしが出会った兵役拒否者の顔ぶれもより一層多様になった。かつては学生運動や社会運動をする活動家たちが中心だったが、時間が経つにつれて社会運動とは無縁だった人びとも兵役を拒否しはじめた。兵役を拒否する理由も多様になった。もちろん、兵役拒否者がみな非暴力主義者や平和活動家であるというわけではない。事実、兵役拒否者たちの唯一の共通点は、軍隊を拒否したという点だけである。

「戦争なき世界」は韓国の代表的な兵役拒否運動団体だ。わたしは「戦争なき世界」の創立メンバーのひとりであり、出版社で仕事をしていた数年を除けば、「戦争なき世界」はつねに自分の職場だった。「戦争なき世界」がずっとつづけてきた活動のひとつは、兵役拒否者の相談である。メディアに一度でも名前が掲載された兵役拒否者はみな、「戦争なき世界」を訪ねてきたひとたちだ。だが、こうした状況も最近になって変わりはじめている。出所した兵役拒否者たちの話を聞くと、エホバの証人の信者でもなければ、「戦争なき世界」にも一度も顔をみせたことのない兵役拒否者に監獄で出会ったケースが時折ある。おそらく、いまではわざわざ「戦争なき世界」に訪ねてこなくとも、兵役拒否に必要な情報を十分得ることができ、兵役拒否の理由もかなり多様化したためだろう。このように、兵役拒否の理由も、方法も変化し、兵役拒否の数も増え、「戦争なき世界」とはべつの志向性をもつ兵役拒否者も多くなった。

「戦争なき世界」はあらゆる兵役拒否者を支持し、その良心を尊重する。ただ、それとはべつに「戦争なき世界」がめざす兵役拒否運動の目標がある。いまここで戦争を廃絶し、戦争が起こらないようにするために軍事主義を弱体化させること。「戦争なき世界」は、この明確な目標を達成するための方法として兵役拒否という行動を位置づけている。したがって、「戦争なき世界」の兵役拒否運動は、代替服務制の導入だけにとどまるものではない。代替服務制が韓国社会における軍事主義と軍事安保イデオロギーの弱体化に結びつかないのであれば、代替服務制の導入という兵役拒否運動の成果は半分にしかならないだろう。もちろん、半分の成果にとどまらないように努力を重ねているが、それだけでなく、代替服務制が定着したあとの兵役拒否運動のあり方についても長期的な視野で考えている。

海外の事例を調べると、代替服務制の導入によって反軍事主義運動が弱体化するケースが多い。韓国より先に代替服務制を導入した国の平和運動家の悩みは、「より多くのひとが軍隊にいく代わりに代替服務を選択できるようになるのはそれ自体いいことだが、代替服務のハードルが低くなるにつれて、それまで兵役拒否が有していた戦争に抵抗する市民的不服従という意義が消えていく」というものだった。

韓国にも何度か訪問し、韓国の兵役拒否運動に連帯を示したアンドレアス・スペック（Andreas Speck, 戦争抵抗者インターナショナルの元活動家）は、ドイツの代替服務制導入について「(反軍事主義の観点では）政治的成果を何ひとつ得られなかった」と酷評したことがある。かれの話によれば、ドイツが二〇一一年に徴兵制を中断した理由は、東西ドイツが統一して以降、安全保障環境の変化によってこれ以上大規模な軍隊を維持する必要がなくなっただけであり、毎年一〇万人を超える兵役拒否者の存在は徴兵制の中断にいかなる影響も及ぼすことができず、兵役拒否は代替服務が社会的に円滑に運用されるようになったために、むしろ徴兵制の延長に寄与した側面があるという。かれはさらに、代替服務制の導入以降、兵役拒否過程における審査の手続きが単なる申請に変わるなかで兵役拒否が大衆化し、代替服務が民間サービスのように認識されるようになった一方で、兵役拒否という行為が脱政治化されたと分析した。[*13]

代替服務制の模範事例として取りあげられるドイツの事例が、反軍事主義の観点からすれば失敗だったという話をはじめて耳にしたときは驚きを禁じえなかった。しかし、どのような文脈でドイツがそうなったのかすぐに理解できた。代替服務制の導入は軍事主義の弱体化という兵役拒否運動の目標に事実上それほど影響を及ぼさないという話であろう。しかし、韓国の状況はドイツとはちがう。ドイツは帝国主義国家であり、韓国は植民地支配を経験した国である。ドイツとはちがい、韓国は南北分断以降にも全面的な戦争を経験し、統一されたドイツとはちがい、分断状況が依然としてつづいており、さらに法的には戦争が完全に終わってさえいない状態である。それゆえに強力な軍事力が平和を守るという通念が社会的に極めて広く共有されている。このような社会の場合、代替服務制の導入はドイツのケースとは異なり、強力な軍事主義を弱体化させるのに抜本的な役割を果たしうるかもしれない。

しかし、代替服務制が導入されたあと、兵役拒否という行為自体がもつ社会的意味が変化を被るだろうという予測は、あながち間違いではないと思われる。過去に兵役拒否が強力な政治的メッセージを伝えることができたのは、それが監獄行きを甘受しながらも抵抗するという市民的不服従の行為だったからである。軍隊を拒否し監獄へいくという事実だけでも兵役拒否は政治的で象徴的な行動として成立しえた。だが、代替服務制の導入以降、ほとんどの兵役拒否者は、今後監獄へいく必要がない。つまり、兵役を拒否すれば前科者となった過去とはちがい、法的な認定を得た以降の兵役拒否は、政治的なメッセージが希薄化し、ただの「個人の選択」という私的な領域の問題として受容される可能性が高い。

兵役拒否に対する社会的認識が脱政治化されるにともない、将来的に現れる兵役拒否者の相当数も以前より脱政治化されると予想される。これは明らかに社会の進歩だが、兵役拒否運動を継承していく立場からすれば、兵役拒否の社会的意味や性格が変化する状況が兵役拒否運動にどのような影響を及ぼすのか懸念せざるをえない。

だとすれば、代替服務制の導入以降にも軍事主義に抵抗する平和運動として兵役拒否運動をつづけていくためには、どのような問いが必要だろうか？　すでに述べたように、難民運動やセクシュアルマイノリティの運動と交流し、軍事主義に関する新たな洞察を得る機会もできたが、依然として抽象的である。平和運動は普段から雲をつかむかのような話をしている運動だと誤解されているが、こうした誤解から自由になれるほどの具体的なメッセージはまだ定まっていない。いまは開始されたばかりの代替服務制の不足点を補完し、改善していくこと、つまり代替服務制が韓国社会に定着するように監視する活動に尽力すればよい。だが、そのあとに何をすべきだろうか？　代替服務制が社会的・文化的に認定され、将来的に多くの人びとが負担なく兵役拒否を決心できるようになるとするならば、そうした状況のなかでも兵役拒否が軍事主義と戦争に抵抗する平和運動の有効な実践として継承されていくために、わたしたちはどのような具体的な目標とプロジェクトを立てなければならないだろうか？　いいかえれば、兵役拒否を韓国社会の軍事主義を弱体化させ、軍事安保イデオロギーを批判する実践にしようとするならば、兵役を拒否するひとりの個人の声が社会的にも意味のあるメッセージとなり、社会的変化につながるようにしようとするならば、何が必要だろうか？

率直にいえば、まだ答えはみつかっていない。だからもう一度偶然を待ってみようと思う。兵役拒否という言葉に出会い、兵役拒否運動にめぐりあった二〇年前のような偶然が再び起こることを。偶然に期待することは、決して努力を怠るということを意味しない。偶然はだれにでも起こるが、それを機会として捉えられるのは、普段から準備ができているひとだけだからである。偶然は天から降ってくるかのような出来事だが、それを必然に変えるのは人間の力だ。だから、平和運動家としてわたしがすべきことは、いまできることをなし、偶然が起きるのを待ちながら、それを必然に変える準備を地道にすることだけだ。代替服務制度の導入以降もわたしたちの平和運動はずっとつづくだろう。あなたの席もつねに用意されている。

エピローグ

たった一冊の本だけ監獄にもっていけるとしたら、何をもっていくだろうか？　プリーモ・レーヴィ、キム・チョヨプ、鄭喜鎮（チョン・ヒジン）、オリバー・サックス、多くの作家の名だたる本が思い浮かぶが、わたしは『SLAM DUNK』を選択する。わたしと同年配のひとたちはほとんどが『SLAM DUNK』を愛しているが、おそらく、この漫画が成長ストーリーだからだと思う。漫画に登場するすべての人物が成長していくが、わたしはそのなかでも三人の人物の成長が最も印象深い。バスケの初心者だった桜木花道は実力が日ごと、月ごとに成長していくあいだ、自分が本当に好きなものは何なのかを探し回り、監督である安西先生は弟子たちの成長を共に見守りながら自分のトラウマを克服する。最後に、『SLAM DUNK』を描いた漫画家井上雄彦の作画と演出の実力が回を重ねるごとに明らかに成長する。

『SLAM DUNK』と比べるべくもないが、わたしは本書が世に出てわたしの友人たちの成長ストーリとしても読まれることを望む。良心が何であり、非暴力が何なのか、何ひとつ知らないままに飛び入った我の強い活動家たちが、長い年月を共にするなかで、いまではそれなりに話ができるようになり、重要な活動家としても認められるようになった。もちろん、自分のことを顧みれば、相変わらず至らない部分もあり、その不足感に比して身に余る立場にあるのではないかという思いがよぎり、大変恥ずかしくもなるが、恥じ入ることさえ知らず、我の強かった時代よりは、明らかに成長したと感じる。わたしの成長とわたしたちの成長がかち合い、それが兵役拒否運動の成長を導き、韓国社会を変化させるにいたったのは、努力と幸運が同時に作用した結果だと思う。

「軍隊にいって帰ってくれば人間になる」というよく耳にする言葉があるが、兵役拒否者たちは半ば冗談、半ば本気でこの言葉をつぎのように変えて話すことがある。「監獄にいって帰ってくれば人間になる」。軍隊であれ、監獄であれ、ひとによってそのなかで省察し成長するひともいれば、何もせず空しく時間を過ごすひともいるので、一概にどちらが正しくてどちらが間違っているとはいえないだろう。いずれにせよ、ひとはどこででも成長することができるが、時間が過ぎたからといってひとりでに成長したりはしない。ひとを成長させるのは時間ではなく、問いである。監獄にいって帰ってきた兵役拒否者たちがまったく別人になるのも、監獄のなかで自分に多くの問いを投げかけ、思考したからだろう。そして、その質問はときとして個人を超えて社会に向けられもする。わたしを成長させ、韓国社会の変化を引きだした兵役拒否のさまざまな問いを本書にしたためたかった。

二〇年余りのことをあれこれと振りかえりながら書いてみると、事実関係があまり思い出せず、難しかった。過去の記憶を思いだすために親と兄弟にとかく質問しもした。わたしの記憶では親は一度も軍隊にいけといったことがないことになっているが、あらためて話を聞いてみると、ふたりともはじめは軍隊にいくのがいいんじゃないかといっていたという事実も知った。弟にもわたしが兵役拒否をしたとき、どうだったかと聞いたが、意外な返事がかえってきた。はじめて耳にしたときは、じゃあそうすれば、と思ったという。むしろ大学で学生運動をしているときのほうがもっと怖くて驚いたそうだ。その理由として、弟がひとりで家にいたある夜中に刑事がわたしを探しに訪ねてきたことがあったという話を聞かせてくれた。自分はもっぱら正しいことをしていると考えていたが、弟が自分のせいで恐怖を感じたという事実を知り、本当にすまないと思った。

過去の出来事が不正確な記憶のせいで筆が進まなかった反面、最近のことに関してはまだ自分のなかで考えがまとまっておらず、難しかった。それでもわたし自身の動揺や変化、悩み、まだはっきりとしていない現在の状態もそのまま書き記そうと思った。至らない部分もあり、恥ずかしいが、こうして告白すれば読者たちと仲間たちが足りない点を補ってくれるだろうと考えたのだ。

ゆっくりと、共に、そして楽しくこの道を歩んでいく「戦争なき世界」の同僚たちと平和活動家の同僚たちがいなかったならば、わたしは一行も書けなかっただろう。特に原稿を読み、助言を惜しまなかった友人のナルメンとハニ、事実関係を丁寧に調べてくれたヨオクとオリに感謝の言葉を伝えたい。文章を書くための空間と集中できる気楽な雰囲気をつくってくれたサロンドゥ氏にも感謝する。出版社で編集者として働いたときにも感じたが、本一冊をつくる仕事は非常に大変な労働である。この世にひとりで成し遂げられる仕事はない。兵役拒否による監獄生活さえ、誰かの犠牲とケアに依存しているのだから、本をつくる過程についてはいうまでもない。本を出そうと提案してくれた五月の春出版社のパク・ジェヨン代表、本を綺麗に装丁してくれたデザイナーのチョ・ハヌル氏、原稿を精密に検討し、編集してくださったハン・イヨン氏に深く感謝する。

わたしはこのすべての協業の過程が楽しい。共に本をつくり、共に平和運動をし、そうしながら互いが互いに刺激と学びを与え合うとき、楽しさを感じる。協業の結果物でもあるこの本が多くのひとたちの手に届くことを、刺激と学びとなることを願う。そうして出会った読者と遭遇するわたしもまた、新しい刺激と学びを得るだろう。

原注

＊1　「プロローグ」は国家人権委員会が発行した『大韓民国人権近現代史』第四巻の第五章「多様なマイノリティの運動」のうち「一．兵役拒否運動」の内容をもとに修正、補完したものである。

＊2　当時、エホバの証人が発刊していた冊子 *Watch Tower* の名前を漢字で「灯台社」と呼んだために、「灯台社事件」と呼ばれている。帝国日本は、エホバの証人の信者明石真人が入営後、銃器を手にすることを拒否した事件を契機にエホバの証人の信者らを不純勢力とみなし、全員連行した。日本では一三〇人余りの信者が逮捕され、朝鮮でも六六人の信者が治安維持法違反と不敬罪によって逮捕された。当時、逮捕された六六人のうち六人が獄死したが、残りの六〇人はただのひとりも転向しないまま、監獄で解放を迎えた。灯台社事件は国史編纂委員会が編纂した『韓民族独立運動史資料集』に独立運動のひとつとして記録されている。

＊3　『良心的兵役拒否者、いつまで監獄に送るのか』資料集（イム・ジョンイン議員室、二〇〇六年一二月二二日）のうちカン・インチョル発表文を参照。

＊4　権赫泰（クォン・ヒョクテ）「ヨーロッパへ亡命した米軍脱走兵、金鎮洙」『黄海文化』八三号、セオル文化財団、二〇一四年。

＊5　イギリス帝国主義に抵抗したインドの非暴力直接行動。一九三〇年、イギリスが塩の生産と販売を独占し、塩に関する税金を付加すると、ガンディーはこれに抵抗し、税金の納付を拒否し、非暴力行進を開始した。二四日間つづいた行進は時間が経つにつれて参加者が増え、海辺に到着する頃には数万人にのぼり、この直接行動によって六万人余りのインド人が投獄された。イギリス帝国主義の暴力に立ち向かう政治的な独立運動であると同時に、帝国主義の暴

力性を非暴力的な方法で世界に知らしめた直接行動として評価されている。

＊6　一九五〇年代から一九六〇年代かけて起こった人種差別撤廃と公民権の獲得を要求したアフリカ系アメリカ人らの運動。当時、アメリカは法と制度によって黒人と白人が厳格に分離されていたが、非暴力的な方法で法と制度を破る市民的不服従の一環として展開された。一九五五年、モンゴメリーで公民権運動の活動家であるローザ・パークスが、黒人が座ることを禁止されていたバスの座席に座ったことを契機に、アメリカ全域で一〇年以上市民的不服従と大規模な街頭デモがつづいた。公民権運動は、一九六四年公民権法の制定を引きだし、公共空間での人種分離に終止符を打った。

＊7　ユ・ミンソクの兵役拒否所見書の全文は、つぎの本で読むことができる。戦争なき世界編『わたしたちは軍隊を拒否する』ぶどう畑、二〇一四年、九四頁。

＊8　ひょんみんの所見書は『わたしたちは軍隊を拒否する』一五一頁に収録されており、キム・ギョンムクの所見書はつぎのリンクから全文を読むことができる。http://www.withoutwar.org/?p=9154

＊9　「「そのとき、真っ白に燃え尽きてしまった。わたしのなかの人間性が……」」『プレシアン』二〇〇八年七月二五日。https://www.pressian.com/pages/articles/90081

＊10　韓国の場合、高学歴者の比率はそれほど高くはない。これは兵役拒否者の大多数を占めるエホバの証人の信者たちが入学資格検定試験を選択することと関連している。かつてエホバの証人の信者は、国旗敬礼を強要する学校を拒否し、自主退学するケースが多かったために、入学資格検定試験を受ける信者が多かった。これは、おのずと大学進学率の減少にもつながった。

＊11　審査過程における問題点は改善中だ。親の陳述書は必須書類目録から除外され、提出書類目録から完全に除外する方向も検討されている。また、調査官が熟知しなければならないマニュアルも作成された。

＊12　このイベントの映像はYoutubeチャンネル「ヨンブンホンTV×戦争なき世界」から視聴できる。

＊13　戦争抵抗者インターナショナル『兵役拒否――平和のための案内書』ヨ・ジウ、チェ・ジョンミン訳、境界、二〇一八年、二〇四頁。

訳者解説

原理原則に基づく行動、つまり正義の認識と実践とが、ものごとや諸関係を一変させるのである。したがって、その行動は本質的な意味で革命的であり、過去のいかなるものとも全面的には一致しない。それは諸国家や諸教会を分裂させるばかりでなく、家族をも分裂させる。さらには個人を分裂させ、彼の内なる悪魔的なものを、神的なものから切り離すことになるのである。

H・D・ソロー

本書は、韓国の兵役拒否者で平和運動団体「戦争なき世界（전쟁없는세상）」の活動家であるイ・ヨンソク（이용석）のエッセイ『병역거부의 질문들――군대도、전쟁도 당연하지 않다』（五月の春、二〇二一年）の全訳である。かれは本書に先がけて『平和は初めてでして（평화는 처음이라）』（パルガンソグム、二〇二一年）という「平和活動家が書く平和に関する教科書」をすでに出版しており、かれ自身の著作としては二冊目にあたる。

周知の通り、韓国では徴兵制が運用されている。韓国の徴兵制は男性に兵役の義務を課しており、あらゆる青年男性は一九歳になる年に徴兵検査を受ける。そこで現役服務に問題なしと判定された者たちは、満二〇歳から二八歳までのあいだに入隊し、約二年間軍に服務しなければならないが、現在では大半の人びとは二〇歳から二一歳のあいだに入隊するのが「慣習」になっている（大学生の場合、ほとんどが大学一回生を終えた時点で休学し入隊する）。韓国社会において軍隊は、男性であれば、成人したときにだれもが一度は経験する場所であり、軍服務とは「一人前の男」になるための「通過儀礼」であり、それらは至極「当たり前」な出来事として認識されてきた。

このような韓国社会の常識を覆したのが、二〇〇〇年代に入って登場した兵役拒否運動だった。兵役拒否運動は当初から良心的兵役拒否権の実現、すなわち良心的兵役拒否者に対して非軍事部門での代替服務を認めよという主張を掲げ、それを制度化するよう国家に要求してきた。二〇一八年、憲法裁判所において兵役拒否者の代替服務を認めない現行の兵役法に対する違憲判決が出され、日本の最高裁に相当する大法院でも宗教的な信念にもとづく良心的兵役拒否者に対してはじめて無罪判決がくだされた。そして、二〇二〇年、良心的兵役拒否者に対する代替服務制の運用が実際に開始した。約二〇年の時を経て兵役拒否運動の主張が実現したのである。

本書は、この約二〇年の兵役拒否運動の軌跡をイ・ヨンソク自身の経験と視点に沿って記録したドキュメントである。政治、社会的な動向をみれば、この二〇年の韓国社会の変化は、相変わらず目まぐるしかった。政党政治の領域では金大中（キム・デジュン）、盧武鉉（ノ・ムヒョン）とつづく進歩政権（一九九八―二〇〇八年）から李明博（イ・ミョンバク）から朴槿恵（パク・クネ）へとつづく保守政権（二〇〇八―二〇一七年）への転換とその長期化があり、二〇一六―二〇一七年のろうそくデモを通した保守政権の倒壊と文在寅（ムン・ジェイン）政権（二〇一七―二〇二二年）への移行が起こった時期であった。社会的にはイラク反戦、韓米FTA反対運動、龍山惨事、済州島への海軍基地建設問題、セウォル号事件など、さまざまな事件と社会的な反発や抵抗運動が起こった。当然のことながら、本書の随所からわかるように、著者や兵役拒否運動の経験もこうした韓国社会の動向と無関係ではない。

すでに述べたように、兵役拒否運動が掲げた大きな主張は代替服務制の導入であり、それは現実のものとなった。しかし、兵役拒否者や活動家たちは次第にそれだけでは軍事主義を乗り超えることはできず、その先を見据えたより大きな社会変革の展望のなかに兵役拒否を再度位置づけなおすことが必要だという認識を獲得していった。いいかえれば、この運動に参加した多様な人びとは、運動の展開にともなって生じたさまざまな課題に向き合いながら、「兵役拒否」の意味を拡張させていったのである。本書の魅力はまさにこの点にある。すなわち、イ・ヨンソクという人物が兵役拒否者、平和活動家になる過程のみならず、かれがそのアイデンティティをもち、活動をつづけていくなかで、さらに多様な兵役拒否者や平和活動家たちとの出会いを重ね、経験や認識の厚みが増していく点である。わたしたち読者は、本書を読み進めるなかでその具体的な様相を、あるいは著者の言葉を借りれば、その「成長ストーリー」をありありと追体験することができるだろう。

しかし、この「成長」は時間の経過とともに自然ともたらされたものではない。「ひとを成長させるのは時間ではなく、問いである」（二〇二頁）と著者がいうように、兵役拒否運動の成長を支えていたのは、数々の課題に対する問いであった。事実、本書の骨格になっているのは、オ・テヤンを通して兵役拒否について知ったときの衝撃からイラク反戦の経験、兵役拒否を決意していく過程、監獄経験、運動内部での課題にいたるまで、著者自身が直面し考え抜いたさまざまな問いである。

そこで、この訳者解説では、韓国の兵役拒否の歴史を概観したうえで、二〇〇〇年代以降の兵役拒否運動の展開にともなって交わされた議論、つまり、多様な「兵役拒否の問い」を生みだすにいたった数々の議論を整理してみたい。そうすることによって、本書への理解が少しでも深まれば幸いである。

韓国における兵役拒否の歴史

1．二〇〇〇年以前

「大韓民国の国民たる男性は「大韓民国憲法」とその法の定めるところにより兵役の

義務を誠実に遂行しなければならない」。これは男性に対する兵役の義務を定めた兵役法の条文の一節である。韓国の徴兵制の法的な根拠になっているこの法がはじめて制定されたのは、一九四九年八月であった。韓国政府は兵役法制定直後から徴兵制を実施する動きをみせたが、実際に運用が開始したのは朝鮮戦争勃発以降である。朝鮮戦争は、一九五〇年六月二五日、朝鮮人民軍の南下によってはじまり、一九五三年七月二七日までつづいた。戦争当初、韓国政府は憲兵や警察などを動員して街頭にいる青年男性を手当たり次第に前線へ動員したり、戦時緊急召集によって幅広い年齢の男性を徴兵したが、戦闘が膠着状態に陥ったのを背景に、一九五二年九月から全国の二〇歳前後の男性を対象に徴集を開始し、ここに徴兵制が運用されはじめた。

朝鮮戦争が韓国社会の軍事化の画期になったことは間違いない。特に戦争を通した兵員の肥大化と徴兵制の成立は、制度面において軍隊の存在が大きくなったことを意味する。しかし、だからといって、これを契機に社会の軍事化が一挙に進んだわけではなかった。それを端的に示すのが徴兵忌避率である。一九五〇―一九七〇年にかけて、忌避率はほとんどすべての年で一三パーセント以上を記録するほど、高い数値を示していた。[*1] 本書で著者は兵役拒否者数を一万九〇〇〇人以上としているが（三頁）、これはあくまで宗教的動機や自身の信念をつらぬいて兵役を拒否したために処罰を受けることになった人びとの数であり、こうした良心的兵役拒否者以外にも膨大な数の「兵役忌避者」が存在していた。[*2] この時期、兵役につかないことは、必ずしも特殊な行為ではなかったのである。

状況が一変したのが一九七〇年代である。一九七二年一〇月、当時の朴正熙大統領は特別宣言を発表して国会の解散や政党および政党活動を禁止するとともに、非常戒厳令を敷いた。朴正熙は、大統領に緊急措置権、国会解散権、三分の一の国会議員と裁判官の任命権を認め、大統領の選出方法を従来の直接選挙制から翼賛機関と化した統一主体国民会議による間接選挙制に変更するなどの内容が記された「維新憲法」を発表し、一二月、国民投票を経て公布した。いわゆる「維新体制」の成立である。

韓国社会の軍事化は、維新体制への移行とともに急速に進められた。一九七三年一月、朴正熙大統領は国防部を巡視した際、「軍にいかないという考えをもった人間がまだいるのなら、これは時代遅れの考え」だと述べつつ、「兵役を忌避した本人とその親がこの社会で頭をあげて生きられない社会気風を醸成するようにせよ」と国防長官に指示した。[*3] 同月には、「兵役法違反等の犯罪処罰に関する特別措置法」が制定され、従来以上に兵役忌避者やかれらを雇用する者たちに対する処罰が強化された。また、検察・警察署単位で兵務事犯担当者を指定して兵事事犯取り締まり専門班を構成し、大企業の職場から地域の理髪店にいたるまで徹底的な取り締まりをおこなった。[*4] これらの政策の結果、徴兵忌避率は一九七四年には〇・一パーセント、一九七五年には〇・〇三パーセントまで下がることとなる。[*5] この時点で徴兵を逃れられる社会的な「隙間」は、ほぼ消失してしまった。これ以降、兵役にいかないことはエホバの証人の信者たちのような、宗教的な信念を有するごく一部の人びとによる「特殊な」行為とみなされるようになったのである。

＊1　兵務庁『兵務行政史（上）』兵務庁、一九八五年、五〇七、七五〇頁参照。

＊2　一万九〇〇〇人以上という統計は兵務庁が二〇一七年に発表した資料にもとづいており、そこではこのうち九九パーセントがエホバの証人の信者であるとされている。つまり、この数え方はエホバの証人を「良心的兵役拒否」の基準とし、それ以外の拒否者をそのカテゴリーから排除した結果、算出された数値であるといえる。こうした「拒否」と「忌避」をめぐる選別の力学については後述する

＊3　『東亜日報』一九七三年一月二〇日。

＊4　韓洪九（ハン・ホング）『韓国・独裁のための時代――朴正熙「維新」が今よみがえる』李泳采（イ・ヨンチェ）監訳、彩流社、二〇一五年、一六一―一六三頁参照。

＊5　兵務庁『兵務行政史（下）』兵務庁、一九八六年、七九九頁参照。

一九八七年、韓国社会は民主化を迎える。しかし、軍や徴兵制、兵役に対する根本的な問題提起はなされなかった。一九八〇年生まれのイ・ヨンソク自身、オ・テヤンの兵役拒否に接するまで「ほとんどの男性が胸のなかでは軍隊にいきたくないと思っていても、軍隊を拒否できるという想像さえしたことがなく、実際にそれが可能だとも思っていなかった」（二六頁）と述懐しているように、一九七〇年代以降の軍事化の深まりは、民主化を経てもなお、兵役拒否に対する想像力を制限したのである。

2. 兵役拒否運動の出現

二〇〇〇年、状況は再度大きな変化をみせる。同年三月、徴兵制を採用していた台湾で代替服務が導入されるという情報が韓国に伝わったのを契機に、韓国の平和活動家たちは軍隊問題に対応するためのワークショップを開くなど、本格的に徴兵制や軍隊の問題に取り組みはじめた。二〇〇一年一月には、エホバの証人の信者たちによる兵役拒否を報道した記事が『ハンギョレ21』に掲載され、世間の話題を呼んだ。そして、一二月、エホバの証人の兵役拒否について知ったオ・テヤンが、はじめて公的に良心的兵役拒否を宣言した。二〇〇二年二月には「良心的兵役拒否権の実現と代替服務制度の改善のための連帯会議」が結成される一方、オ・テヤンにつづき、ユ・ホグン、イム・チユン、ナ・ドンヒョクが兵役を拒否し、立てつづけにエホバの証人以外の兵役拒否者が現れた。こうした状況のなか、二〇〇三年五月一五日、兵役拒否者とその後援者たちが「戦争なき世界」を創立するにいたったのである。韓国社会に兵役拒否が社会運動として登場した瞬間であった。

ところで、この一連の過程で極めて重要な役割を果たした人物がいる。それが本書で何度も言及されている女性活動家のチェ・ジョンミン（オリ）である。二〇〇〇年、韓国でアジア欧州会合（ASEM）が開催された際、これに反対する活動家たちが世界中から集まり、ASEMピープルズ・フォーラムを開いた。このとき、当時創立間もなかった「平和人権連帯」の活動家であったチェ・ジョンミンは、クエーカー系の団体である「アメリカ・フレンズ奉仕団（American Friends Service Committee, AFSC）」の活動家カリン・リから台湾の情報と兵役拒否運動に関する提案を受けた。[*6] 彼女はこれを受け入れ、海外

＊6　イム・ジェソン『のみこまねばならなかった平和の言語――兵役拒否が語ったこと、語れなかったこと』クリンビ、二〇一一年、一一九―一二〇頁。

の活動家と連携しつつ、徴兵制と軍服務に関するワークショップを組織するなど、「戦争なき世界」の創立につながる重要な役割を果たした。

『ハンギョレ21』の報道にしても、チェ・ジョンミンの存在が重要だった。この記事を書いたシン・ユン・ドンウク記者は、当時「運動社会の性暴力根絶一〇〇人委員会」[*7]という団体の活動をしていたチェ・ジョンミンにその活動に関するインタビューをした。その際、インタビューを終えたあと、ふたりが話すなかで兵役拒否の話になり、それがきっかけとなってシン・ユン・ドンウク記者がエホバの証人の信者らに取材し関連資料を集め、記事を書いたのだった。[*8]本書でイ・ヨンソクが女性活動家のリーダーシップの重要性を強調する理由のひとつには、このように、チェ・ジョンミンのような活動家たちが兵役拒否運動の組織化を大きく推し進めたという背景がある。

では、チェ・ジョンミン自身はどのように考え、兵役拒否運動を組織していったのだろうか。彼女は当時について「兵役拒否は市民的不服従を実践し、監獄へいこうという話であり、個々人の選択を重要視するアナキズム的課題をもっているが、宗教や既存の市民団体の活動メカニズムを考えれば、［ほかの団体は――解説者］受け入れがたかったと思う」と述べつつ、「わたしたち（平和人権連帯）のように、創立されたばかりで、どんな活動をするか悩んでいる新米団体が、そしてアナキズムに好感をもっており、だから、これだ、と考えんだと思」うと回想している。

ここで興味深いのは、チェ・ジョンミンがこの運動に「個々人の選択を重要視するアナキズム的課題」を読み取っている点である。これに関連して、ある文章のなかでチェ・ジョンミンはつぎのように述べている。

事実、兵役拒否運動はわたしたちの社会においてまったく見慣れない方法論の運動だ。それは数多くの人びとが集まって市民の団結した力を示したり、新たな権力の創出を企図したり、どの分野であれ、既存秩序（政権）の暴力性を暴露し、批判することを重要な任務にしてきた既存の民衆運動、統一運動、民主化運動とはその

＊7　この組織の活動については、クォンキム・ヒョンヨン編『被害と加害のフェミニズム――#MeToo以降を展望する』影本剛、ハン・ディディ監訳、解放出版社、二〇二三年所収のクォンキム・ヒョンヨン「性暴力の二次被害と被害者中心主義の問題」および、同書の影本剛による解題を参照せよ。
＊8　イム・ジェソン、前掲書、一二一―一二二頁。
＊9　戦争なき世界『兵役拒否運動女性活動家インタビュー集』戦争なき世界、二〇二一年、一〇頁。

出発からがちがっている。兵役拒否運動は多様な社会的行為者の自発性に根拠をおき、下からの新たな変化を引きだそうとする運動である。このような自発性は、反平和的な現実を、人間の常識に根拠をおきつつ認識し、これを切り開いていく突破口を自分の位置からたえず省察するなかでつくられるものだ。「軍隊は必ずいかないといけないとだれが決めたのだろうか?」と一度疑問を投げかけ、「国家のために命を捧げる」などの巨視的で権力的な思考を投げ捨て、個人の欲望に忠実になり、自由な自分の意思を表出し行動することのできる空間をつくりだしているのだ。[*10]

大きなイデオロギー的統一性を上意下達的に求め、そのイデオロギーに即して社会変革をめざすような運動とはちがい、兵役拒否運動は「軍隊にいかない」と決意した個人の立場に依拠し、その位置から社会の再構成を試みる運動である。兵役にいくことが「当たり前」とされている以上、問いの射程は社会や国家自体に及ぶ。二一世紀に入り、韓国社会に出現した兵役拒否運動は、組織論的な側面でも新奇性のある運動だったのだ。

運動の展開

「戦争なき世界」の活動家たちは、しばしば韓国の兵役拒否運動の軌跡を、「兵役拒否者個々人の良心を守る運動から、軍事主義に対抗する運動へ」と整理する。この簡潔なフレーズのなかには、運動の展開にともなって生起した課題や問い、そしてそれを克服しようとするさまざまな議論や試みが圧縮されている。本書を読んだひとであれば、著者の視点に即してその多くを読み取ったであろう。ここでは、そのすべてをつぶさに検討する余裕はないが、その含意をいくつかのポイントに絞って取りだし整理しておきたい。

1．兵役拒否者になることの重圧

最初に押さえておくべきは、韓国社会において兵役拒否者になるということは、どのようなことを意味したのかという点である。

＊10　チェ・ジョンミン「兵役拒否運動と女性の連帯」『政治批評（N/A）』第一四号、二〇〇五年、一九四頁。

まず、兵役を拒否することは、兵役の義務を定めた兵役法に背くことを意味する。したがって兵役法違反の罪に問われ、監獄行きを覚悟しなければならず、監獄を出たあとも「前科者」の烙印を背負いながら生きざるをえなかった。これは社会生活を営むうえでべつの困難を生みだす。兵役を拒否した人びとは「前科者」という「汚名」ゆえに、一般企業に就職することも容易でなく、採用審査をいくつか通過しても最終面接の段階で面接官から「兵役を拒否した人間は会社に入れない」といった言葉を投げかけられるということさえあった。就ける仕事といえば、そうした経歴を問われない不安定な日雇い労働の職や市民運動団体関連の仕事、芸術系の仕事、研究職、農事など、一部の領域に限られていた。

また、兵役を拒否した人びとにはさまざまな非難が浴びせられた。本書でも言及されているように、「安保にタダ乗りする卑怯なやつ」、「「良心的兵役拒否者」というが、軍隊にいく人間に「良心」はないとでもいうのか」といったもの、さらには「男なら軍隊にいかないとだめだろう」といった非難である。

さらに、多くの兵役拒否者たちは自分の身近な人びと、とりわけ家族との軋轢を覚悟しなければならなかった。本書でもいくつかのエピソードが紹介されているが、多くの場合、兵役拒否者たちは親の激しい反対に直面せざるをえず、それによって精神的な疲弊を経験した。一方、親たちもさまざまな葛藤を経験しなければならなかった。既存の価値観では考えられないようなことをいいはじめる子どもの話を簡単には受け入れられないだろうし、将来的な不利益を案じもしただろう。親族からも冷たい視線でみられたり、周囲からは「子どもの育て方を間違えた親」というレッテルを貼られることもある。これは親にとって大きなストレスであり、羞恥心をもたらしうる。[*11] それだけに親の反対も激しくならざるをえなかったのである。これらの経験は、徴兵制において「軍隊に送りだす」親の役割が極めて重要な位置を占めていることを示すものでもある。

兵役拒否運動は、以上のような重圧のもとで運動を進めていかざるをえなかった。これは初期の兵役拒否運動のあり方に影響を及ぼし、大きな課題を生むことになった。

＊11　戦争なき世界『兵役拒否を悩む人びとのための兵役拒否ガイドブック（二〇一二年改訂版）』戦争なき世界、二〇一二年、一五頁。

2.「マジョリティとの連帯」からの転回

兵役拒否運動は運動開始当初から大きな主張として良心的兵役拒否者のための非軍事部門での代替服務制の導入を掲げてきた。その際、運動側は韓国社会において良心的兵役拒否者が「良心」ゆえに監獄に入れられている事実を強調しつつ、憲法で保障された「良心の自由」を尊重、保障し「良心的兵役拒否者を監獄に送るな」と主張した。つまり、良心的兵役拒否者の人権が侵害されているという被害性を強調し、その保護を訴えるという人権運動的スタンスを取っていたのである。

しかし、こうした主張に沿って運動を展開するなかで、さまざまな課題が浮き彫りになった。そのうちのひとつは、兵役拒否運動の主張が拒否者たちの「良心」を認めてもらうという一点に集中しその被害性を強調するあまり、軍隊や徴兵制の存在を暗黙のうちに容認してしまうような戦略をとっていたことである。それが端的に表れたフレーズが「軍隊にいくひとの良心も尊重します」だった。兵役拒否者に対して「軍隊にいく人間に「良心」はないとでもいうのか」という非難が浴びせられたことはすでに述べたが、このような非難に対応するために考案されたのがこの説得の論理だった。このメッセージの含意は、軍隊にいく人びとにも「良心」があることを認める代わりに、兵役拒否者の「良心」も認めてほしいという点にある。

この論理の大きな問題点のひとつは、軍隊や徴兵制の存在、それらによって構成されるマスキュリニティ、そして軍事主義のイデオロギーを根本的に問う射程を有するはずの兵役拒否の意義を縮小させてしまうことにある。イ・ヨンソクが「その真っ当な批判に胸がえぐられる思いがした」（二三〇頁）というカン・インファの論文は、当時の兵役拒否運動の説得の論理をつぎのように批判している。

軍隊にいくのも「良心」、軍服務を拒否するのも「良心」という兵役拒否運動の説得論理は、結局のところ、軍事活動にもとづいて国家や家族を「守る」という性別化された国民の役割を認めるようになってしまう。こうして、軍事主義に抵抗する兵役拒否運動が「国を守る」男性たちの「良心」を崇高なものとして意味化し、性別化された国家安保の論理を認めるようになる。これは「平和」と「脱軍事主義」という兵役拒否運動がもつ抵抗の意味を矮小化させる効果をもたらす。[*12]

軍事主義は「男／女」のジェンダー区分と両者の役割分業、すなわち人間集団を男性と女性の二項に振り分けたうえで、男性が保護者になり、女性は被保護者の位置におかれるという家父長制的秩序を前提に機能する。つまり、軍事主義は男性に分類された集団に国や家族を守るために兵士や戦士として前線で戦う強い勇ましい「男らしさ」を求める反面、女性に分類された集団には後方で男性をケアしたり鼓舞したりするなど、男性が安心して前線で戦えるように男性性を補助、補完する「女らしさ」を求めるイデオロギーである。*13

それに対し、兵役拒否は「国や家族を守る」という男性に期待された役割を拒否し、軍隊生活を通して構成されるホモソーシャリティ（「男同士の絆」）に亀裂を入れるという意義をもちうるはずである。しかし、徴兵制の「被害者」というアイデンティティを軸に連帯をつくりだそうとしたのでは、その批判的な契機は失われてしまう。なぜなら、そうした場合、連帯を求める相手は軍隊に否応なくいかなければならないマジョリティ男性にならざるをえないからである。そうなれば、兵役拒否運動は兵役拒否者と軍隊にいく／いった男性のあいだに新たな関係性を結びなおす男性間の絆の修復を媒介する役割しか果たせなくなる。だからこそ、国民化の「通過儀礼」に応じない「非国民」の位置にとどまりつつ、兵役から排除されたマイノリティの人びととの連帯をこそ追求しなければならない、と彼女は批判したのである。

3.「拒否」と「忌避」の区分を超えて

運動初期に浮き彫りになったべつの大きな課題は、兵役拒否当事者の男性が強固な信念をもつ強者になってしまうという問題であった。鄭喜鎮(チョン・ヒジン)は、韓国社会には軍事主義的信念があまりにも強固に根づいているために、兵役拒否を決心する個々人は並大抵でない決断と勇気をもつよう要求されるとしつつ、「だから、兵役拒否運動には、社会が要求する強い男性性を批判するために、それよりももっと強くならねばならないという逆説が存在する」と指摘した。[*14] つまり、兵役を拒否する人びとは、外的な圧力のなか自らの「良心」の強さや固さを証明しなければならなかったのである。

＊12　カン・インファ「韓国社会における兵役拒否運動を通してみた男性性研究」梨花女子大学大学院女性学科修士課程論文、二〇〇七年、八一頁。

＊13　軍事主義については、シンシア・エンロー『策略――女性を軍事化する国際政治』上野千鶴子監訳、岩波書店、二〇〇六年、および権仁淑『韓国の軍事文化とジェンダー』山下英愛訳、御茶の水書房、二〇〇六年、第一章を参照。

＊14　鄭喜鎮(チョン・ヒジン)「「良心的兵役忌避者」を擁護する」『シネ二一』二〇〇五年一二月三〇日。

その際、動員されたのが「兵役忌避」という形象であった。韓国社会において兵役忌避は、道徳的に正しくないやり方で兵役を逃れる行為を指し、兵役忌避者は重大な不正行為を犯した人間というニュアンスをもつ。これらは人びとの感情を逆なでする。たとえば、軍入隊直前にアメリカの市民権を取得し、兵役の義務を履行しなかった歌手のユ・スンジュン、抜歯による兵役逃れの疑惑がかかったラッパーのMCモンなどは、兵役を忌避した「非国民」、「国民の逆賊」などといわれ、とてつもない非難を浴びた。一九九七年と二〇〇二年の大統領選挙で大統領候補になった李会昌(イ・フェチャン)は、ふたりの息子の兵役逃れ疑惑の影響で落選した。これに対し、兵役拒否は「兵役忌避」とはちがうという論理、つまり、兵役拒否者は卑怯な方法で兵役を逃れようとしている忌避者とはちがい、正々堂々と真っ当な理由にもとづいて徴兵に反対しているという論理が活用されたのである。

だが、この論理はべつの「強い男らしさ」を生みだす結果をもたらし、兵役を拒否できるのはそのような強さをもった男性だけだという兵役拒否の資格化を招くだろう。そうなると、兵役拒否は一部の特別な男性たちにしかできない「崇高な」行為になってしまう。したがって、鄭喜鎮はむしろ「忌避」に対する認識を転換し、「拒否／忌避」の区分を再考するよう促した。すなわち、「強力な軍事主義に抵抗するために、より強い男らしさを要求する「拒否」よりは、弱さと暴力に対する「忌避」を肯定的に再解釈する認識の転換が、より根本的な、したがって現実的な対案ではないだろうか？[*15]」

この問題提起に応えるかのように、軍隊の暴力を恐れる自分の気弱さや恐怖を否定するのではなく、それを兵役拒否の起点として積極的に言語化していく試みが兵役拒否者たちによってなされた。「6．多様な「臆病者」の登場」の章では、その代表的な事例としてイ・ヨンソクの認識に転換を促したというユ・ミンソクの兵役拒否の所見書が紹介されているが、そのほかにも「忌避／拒否」の区分を積極的に掘り崩そうとした試みとしてパク・サンウクの所見書がある。

兵役を拒否したわたしの心は、「大義」や「闘志」の心よりかは、ユ・スンジュン、李会昌の息子、MCモンのように、「国民の敵」に転落した「忌避者たち」の心により近いと思った。わたしがかれらの立場にいたとしたら、まったく同じ方法

＊15　同前。

で軍隊を避けていただろうと思う。だから、だれかが私の兵役拒否はユ・ユンジュン、MCモンのような忌避とはちがうというたびに居心地の悪い思いをした。わたしを弁護するためにいってくれた言葉だが、強制された服務を避けたい心は同じだと思ったからだ。だから、わたしはかれらより「すごい人間」になりたくはなかった。いまこそ、拒否と忌避を区別するのではなく、みなが軍隊にいかなければならないという前提化された枠組みに問いを投げかけなければならない。*16

軍事主義は軍服務を恐れる心性を「男らしくない」感情として排除するよう要求する。だからこそ、「強制された服務を避けたい」という「忌避」の心情には軍事主義を脱臼させる力がある。「忌避」を否定せず、「臆病者」としての自分を直視し、それを起点に兵役拒否の言語を練りあげていく実践は、軍隊を恐れることができる身体空間を社会のなかに創出する行為でもあった。

4. 女性活動家の不可視化

兵役拒否運動がぶつかった大きな課題のひとつは、女性の活動家の役割が不可視化されるという問題であった。メディアで兵役拒否者の監獄行きが注目されるにともない、かれらが監獄をも辞さない抵抗の英雄として認識される反面、運動の中心的な役割を果たしてきたはずの女性の活動家たちが兵役拒否の「助力者」といった補助的な存在とみなされたのである。

先述した通り、韓国において兵役拒否運動が立ちあがっていくなかで活動家のチェ・ジョンミンの存在が重要だったように、兵役拒否運動はそもそものはじまりからして女性活動家の力量に支えられていた。兵役拒否者たちは監獄にいかざるをえないため、活動に空白が生じるし、出所したあと、かれらのすべてが継続して活動に参加できるわけでもない。したがって活動を持続させ、団体の居場所を守る重要な役割は、女性活動家たちが中心的に担ってきた。イ・ヨンソク自身、「わたしを含め、兵役拒否者たちは監獄に収監されているあいだ、空白が生じ、さらには収監生活の前後で長い放蕩の時間を送る場合もあった。それに対し、女性活動家たちは兵役拒否者らが監獄にいき活動から離れているあいだも、兵役拒否者が出所後に自分の生活の方途をみつけ運動から離れ

＊16　パク・サンウク「兵役拒否所見書」戦争なき世界HP（http://www.withoutwar.org/?p=13653）。

たあとでも、代替服務制を含め兵役拒否運動の進むべき方向を考え、ひとを集め、継続的に活動を企画し組織していった」（一三四—一三五頁）と述べている。

一方、女性活動家たちは運動開始当初から兵役拒否者の男性とはべつの障壁にぶちあたった。たとえば、チェ・ジョンミンは、周囲の人びとが「ジョンミン」という中性的な名前から勝手に自分を男だと判断することが非常に多かったという。「チェ・ジョンミンといえば男性、そのうえ兵役拒否運動までしているのだから、当然男性」だという偏見にさらされたのである。さらに、彼女は兵役拒否運動の中心にいたにもかかわらず、女性だからという理由で大学や社会団体関連以外では討論会にスピーカーとして出たり、この問題に関する文章を書いたりすることができなかった。[*17] こうした出来事を経験するなかで、彼女は軍事主義の核心にぶつかっていることに気づいたという。「これがまさに軍事主義かと思いました。なぜなら、軍隊問題について語る資格がある人間とない人間を選別することじゃないですか」[*18]。要するに、保護を受ける弱い立場の者（女性）は、保護する立場（男性）に口を出してはいけないという軍事主義の不文律に直面したのである。

ただ、イ・ヨンソクは運動の内部にも内省の視線を向けている。「運動内部でジェンダー化された分業構造が形成されてしまってい」たのだ。それが顕著に現れたのが相談業務、特に収監者の支援活動においてだった。兵役拒否者が収監される際、監獄生活を支援するための後援会が組織されるが、会の運営を取り仕切る後援会長は、ほとんどの場合、女性が務めることになった。この後援会長の仕事の大半は、感情労働であるといってよい。

具体的にみておこう。まず、収監者との関係でいえば、後援会長は収監者との連絡を欠かしてはならず、つねに生活の様子や体調に気を配る必要がある。監獄の環境は悪く、収監者は孤独な時間を送らなければならない。それゆえ、収監者の体調が急に悪化することもありうる。また、監獄では外部からの領置金や領置品なしに十分な生活を送ることは難しい。したがって後援会長は、収監者との頻繁な連絡を通して生活に必要なものから体調、そして心境まで機敏に把握しなければならない。

一方で、後援会長は収監者と支援者をつなぐ役割も担う。たとえば、募金集めや支援

＊17　チェ・ジョンミン「平和時期の兵役拒否」『女性と平和』第四号、二〇〇五年、一七五―一七七頁。
＊18　戦争なき世界『兵役拒否運動女性活動家インタビュー集』、一一頁。

者と収監者の面会時間の調整などである。この際、後援会長は監獄のなかにいる兵役拒否者について支援者に継続して関心をもってもらうために、支援者の心境にも気を配らないといけない。総じていえば、兵役拒否者をサポートすると同時に、支援者の動向にも気をつけるという「二重の感情労働」をこなさなければならなかったのだが、その役割は基本的に女性が担うという構造が存在していたのだ。

キム・ギョンヒは後援会長の経験を振り返り、当時直面した困難について率直に述べている。彼女は兵役拒否当事者と恋愛関係にあったが、「軍隊が一番の平和の障壁」という思いから後援会の仕事を通して兵役拒否運動に積極的に参加した。彼女自身の心情としては、軍事主義のシステム自体に反対するという意味でこの運動に参加していたのだ。しかし、周囲の人びとからは、恋人だから自然に後援会長になったのだとみられたり、「ファンクラブみたい」という言葉をかけられたりしたという。[*19] それに対して反発心を抱きもしたが、それを公言するのは難しかった。なぜなら「応援してくれる人びとであり、自分の感情を表明して［雰囲気を――解説者］壊すのも難しい」からだった。[*20]

こうした問題に対し、根本的な解決策はみつかっていない。しかし、近年、「戦争なき世界」はより積極的に女性活動家の存在を可視化するための試みをつづけている。本解説で参照している『兵役拒否運動女性活動家インタビュー集』の作成もその試みの一環である。

5.「兵役拒否」の拡張

ここまでみてきたように、兵役拒否運動は次第に男性中心に展開しやすい運動の形態をどのように克服するのかという課題を発見していった。これに関連して、「14. 戦争受益者を止めろ！」は重要な章である。「戦争受益者」、つまり「ひとを殺す以外には到底使いどころのないこのような武器を製造し、売り込む企業」（一四二頁）を監視して取引きを防ぐ武器監視キャンペーンの導入は、「戦争なき世界」の活動の方向性を人権運動から平和運動へ転換する契機になったからである。

徴兵制が制度化されている以上、兵役拒否は国家による強制的徴兵から個人を守るというある種の受動性を帯びざるをえず、まずは男性の拒否の意思に依拠するところから

＊19　同前、六四―六六頁。
＊20　同前、六六頁。

キャンペーンをはじめなければならない。それに対し、武器監視キャンペーンは兵役義務の有無はまったく問題とならず、だれもが自分の運動として兵役拒否運動を考えることができる領域である。また、この領域の活動は直接行動の形態をとっている。毎年のように開かれる武器博覧会の会場の入口に寝転んだり、売買のために展示されている兵器の上にのぼってパフォーマンスをしたりするなど、いまここからはじまる戦争を、いまここで止めるというメッセージを直接身体的に表現するのだ。

これは「兵役拒否」をどう理解するかという点と関わって重要なポイントである。もし「兵役拒否」を「国家による強制的な徴兵に対する拒否」と定義するなら、男性だけの徴兵制を採用している韓国の状況において兵役拒否は男性だけができる行為となるだろう。しかし、「兵役拒否」をより幅広く「戦争につながる構造に抗する行動」とみなすならば、その行為主体は直接的に徴召集の対象になる人びとだけに限られない広がりをもつ。また、これは「反戦」を日常的な次元において考えることにもつながる。チェ・ジョンミンは「戦争なき世界」の運動の特徴を「戦争を引き起こす日常の原因のなかから徴兵制度と武器取引きをあげ、そこから戦争がはじまる」と考え、「それをなくそうとする反戦運動」とまとめている。[*21] 特定の戦争に抗する反戦なのではなく、戦争を引き起こす構造の廃絶をめざすという意味で「反戦」なのである。

　こうした試みは、反戦運動の世界的な潮流とも合致した動きである。たとえば、国際的な反戦団体である「戦争抵抗者インターナショナル（War Resisters' International, ＷＲＩ）」の活動家たちは「兵役拒否者」が現れうる場所としてつぎのような多様な空間の存在を具体的にあげている。

> 武器商人によって雇用された広告会社、軍人たちを招請するよう要求されている学校の教師、占領地域を担当する電話会社、軍事主義を広報する大ヒット映画の作成を期待されている映画製作者たち、武器の取引会場のエンジニアや飲食供給者、その管理職員、輸送された武器が行きかう港湾の労働者、拘禁施設を運用する保安会社、タンクの製造をはじめた自動車会社、軍部独裁者の預金を保有する銀行の職員などなど[＊22]

＊21　同前、一五頁。

＊22　War Resisters' International, *Conscientious Objection: A Practical Companion for Movements*, 2015, p.166.

ここでは、戦争を用意しそれを駆動させているさまざまな「インフラ」が存在する空間に「兵役拒否」の可能性が読み込まれている。この地点において「兵役拒否」は徴召集や軍隊内部の問題にとどまらない広がりをもつことになるだろう。「戦争なき世界」の武器監視キャンペーンは、こうした反戦運動の世界的潮流と呼応しつつ、「兵役拒否」の意味を拡張する試みであった。

6．持続する兵役拒否

ここまでは兵役拒否運動に影響を与えた議論の展開を追いつつ、「兵役拒否」の概念が拡大する様相をみてきた。これを兵役拒否の幅が広がっていくという意味で「横」の広がりだとするならば、個々の拒否者のなかでは兵役拒否が時間的に持続し、周囲の制度や関係性を変えていくという意味で「縦」の広がりが生じる。ここでは、これを捉えるために、もう一度兵役拒否者個々人の次元に立ち戻ってみたい。

通常、兵役拒否というと徴兵を拒否する場面だけが注目されやすい。しかし、兵役拒否の実践は個々人に長い時間にわたって大きな影響を及ぼす。イ・ヨンソクが「良心」

について述べるなかで、「わたしの場合も、揺るぎない確固たる平和主義の信念をもっていたから兵役を拒否したのではなく、兵役を拒否すると宣言したあとでその名にふさわしい生を送るために努力しているうちに、平和主義という信念が良心として自分のなかに根づいた」（三七頁）と記しているように、兵役拒否はそれを実践する過程で人びとを変えていく。

このように、生の過程として兵役拒否を捉えるなら、監獄においても、そして監獄から出たあとも、兵役拒否は諸個人のなかで持続していることになる。具体的にいえば、兵役拒否者は監獄のあり方をいくつか変えたという事実がある。たとえば、兵役拒否者のイ・スンギュは監獄で指紋押捺を拒否しそれを廃止させ、[*23] サンウはヴィーガンの立場から監獄でも「採食主義者として差別されず、正常な生活をできるようバランスのとれた栄養を供給される」権利を求めて闘い、監獄での菜食権を勝ち取った。[*24] 兵役拒否者と

＊23　イ・スンギュ「監獄で不当なことに立ち向かう（一）――指紋捺印拒否」戦争なき世界『兵役拒否を悩む人びとのための兵役拒否ガイドブック』、四一―四三頁。

＊24　アハ「監獄で不当なことに立ち向かう（二）――採食権」同前、四三―四五頁。

して生きる姿勢は、監獄のなかにも変化のダイナミズムをもたらしたのである。

あるいは、兵役拒否は家族との関係をも変えることがある。前述のように、多くの場合、兵役拒否者は家族の強い反対にあわないといけなかったが、何人かの兵役拒否者たちは拒否の過程を通して対話を重ねるなかで親が自分の最も親しい支持者に変わったという。[*25]親にとっても、なぜ自分の子どもがそのような選択をするのか理解しようとするうちに、そして監獄のなかにいる子どもを何とかして支援したいと考えているうちに、その心を理解し、それが正しい選択であることを悟ることがある。[*26]たしかに、親として子どもの行動を理解したいという思い自体は、パターナルな心情からはじまることが多いのも事実だろう。しかし、親が兵役拒否者の思いを理解し、支持者という「同志的関係」になるのであれば、それはすでに家父長制の枠組みとはべつの関係性を結びなおしているように思われる。

もちろん、兵役拒否の過程がすべて問題なく進むわけではない。特に監獄生活は、さまざまなかたちで出所後の兵役拒否者たちの生に影響を及ぼしうる。監獄生活のなかで心に深い傷を負った人びとや自分の選択を後悔したひと、出所後、就職の問題や友人、家族との関係に悩まされた人びとも少なからずいるだろう。そうした意味においても、兵役拒否はひとりひとりの生の問題である。

タランは監獄から出たあと、「なぜ兵役を拒否したのか」という質問を頻繁に受けるという。「質問は過去形です。まるで「兵役拒否」が過去のことであるかのように」[*27]。だが、こうした質問は誤りを含む。なぜなら、「「兵役拒否」がそのひとにとって過去形ではないかもしれず、また拒否することが必ずしも「兵役」だけではない可能性もあ」るからだ。[*28] また、その理由は必ずしもひとりで考えだすものでもなく、先達の兵役拒否者や活動家、支援者たちとともにつくりあげていくものである。タランは自分の経験を振り返りつつ、つぎのように述べる。

兵役を拒否するあいだ、徹底的に依存的な生活をしました。しつづけているという表現のほうが適切かもしれないですね。独立的な主体ではなく、だれかに頼らなけ

＊25　ソンミン「家族に話す」同前、一五頁。
＊26　ユン・ヘスク「わたしの息子が兵役拒否をするのなら？」同前、二一―二三頁。
＊27　タラン「質問と向かい合って」同前、五四頁。
＊28　同前。

れば、生き残れない存在として。もちろん、その生活はいまもつづいています。これからも同じだと思います。このような状況において、拒否行為を説明しなければならない質問に、ひとりだけで答えることが可能でしょうか？　兵役を拒否する第二の理由は、必ずしも「自分」のなかにあるわけではないかもしれないと思います。*29

イ・ヨンソクもいうように、兵役拒否の理由やその言語は兵役を拒否する前に存在するわけではなく、その行為を通して次第にかたちづくられていくものである。そして、そこには「自分」以外の多数の他者の尽力が流れ込んでいる。だからこそ、それは長期的な時間のなかでその磁場にある人びとともにつくりあげていく生の過程であり、戦争なき新たな社会に向けた集団的構想なのである。

代替服務制という壁

最後に、現在進行形の重要な課題について概観しておきたい。それが兵役拒否者の代替服務制である。繰り返せば、二〇一八年六月、韓国では兵役拒否者の代替服務を規定していない兵役法に対し、憲法裁判所の違憲判決がくだされ、二〇二〇年より代替服務制の運用がスタートした。このような重要な達成にもかかわらず、本書はこの制度の実現を喜びながらも、思いのほか淡々とした叙述をみせている。「20．代替服務という出発点」という章を読めばわかるように、その背景には、代替服務制の導入は必ずしも軍事主義の弱体化にはつながらない、という認識がある。

この点に直接関連して重要なのが、そこでも言及されているドイツの事例に関するアンドレアス・スペックの議論である。西ドイツでは、第二次世界大戦の結果、一九四九年に制定された西ドイツ憲法第四条三項において良心的兵役拒否権が明記され、代替服務制度が早い時期から実施された。西ドイツの兵役拒否の歴史にもいくつかの段階があり、特に一九六〇年代後半以降、兵役拒否が大規模化するが、良心的兵役拒否の認定率は四〇—五〇パーセントの水準にとどまっていた。だが、一九八四年、転機が訪れる。この年、代替服務の期間を軍服務の年数より長く設定する反面、大多数の代替服務申請者の審査を行政手続きに変更して簡略化する法が施行されたのである。その結果、毎年

＊29　同前、五七頁。

一〇万人以上の兵役拒否申請者が現れ、兵役拒否に対する社会の認識も変わり、かれらは社会サービスの提供者と認められた。こうして兵役拒否は軍服務と同様の社会的正当性を得た。スペックが問題視するのは、兵役拒否が社会的正当性を得るようになったこの時期、ドイツ軍が頻繁に軍事作戦に投入されるようになった事実である。その代表的な事例が一九九九年のドイツ連邦軍のユーゴスラビアへの派兵であり、これは一九四五年以降はじめての参戦事例であった。こうしたことからスペックは、兵役拒否の大衆化によって、それがもつ政治的抵抗としての意味と象徴性が希釈し脱政治化され、ドイツの軍事主義を温存させてしまったと分析したのだ。[*30]

では、韓国の場合はどうなのだろうか。実は、韓国軍というと前方で銃をもって過酷な訓練を受けるイメージをもっている人びとが少なくないと思われるが、良心的兵役拒否者に対する代替服務が制度化される以前からすでに多種多様な代替服務制度が存在していた。その代表例が一般に「公益(コンイク)」と呼ばれる社会服務要員である。これは身体検査の結果、日常生活には支障はないが、軍生活を送るには支障があると判断（身体検査上の「四級」判定）され、補充役編入となった人びとが現役服務の代わりに就く役種で、公共の行政機関や社会福祉施設などで行政業務の補助や社会サービスに従事する。服務期間は現役兵より数ヵ月長い程度で、自宅から通勤するようになっており、身分も民間人として扱われる。

一方、良心的兵役拒否者の代替服務制は兵役法上の代替役にあたる。服務期間は現役服務の二倍の三六ヵ月に及び、服務形態は刑務所で合宿しながら業務補助の役割を遂行するというものである。代替役は良心上の理由で兵役の履行自体を拒否した人びとが編入の対象になるが、兵役拒否を宣言すれば自動的に代替役に編入されるわけではない。現行の制度では、代替役が兵役忌避の手段として「悪用」されないようにするという名目のもと、代替役審査委員会による審査を受けなければならない。従来、兵役拒否者は裁判においてその「良心」を証明するよう強いられてきたが、代替服務制が制度化されたあともその状況がつづいているのである。

自身も兵役を拒否した経験をもち、代替服務審査において審査委員をつとめるペク・スンドクによれば、審査の際、宗教的信念の有無が兵役拒否者であるかどうかの基準に

＊30　以上は、War Resisters' International, *ibid*, 2015, p.118-123.

なっており、エホバの証人の申請者に対しては何の問題もなく代替役の申請が認められているのに対し、それ以外の非宗教的な動機にもとづいて兵役を拒否した人びとに対しては、その「良心」を疑ってかかるアプローチがとられているという。たとえば、代替役の編入を申請した兵役拒否者のなかには、セクシャルマイノリティとして生きてきた人生の過程のなかで、マイノリティに向けられる暴力と差別に敏感になり、次第に平和主義について考えるようになった結果、兵役を拒否するために代替役を申請したひとがいる。しかし、審査の過程において、一部の審査委員は「いったい性的アイデンティティや性的指向と［兵役拒否が――解説者］何の関係があるのか」、「軍隊がセクシュアルマイノリティを取り立てて差別しているわけでもあるまいし、そのような差別は軍隊の本質と何の関係もない」、「性的指向は代替役の編入の事由ではない」などといった棄却意見を提出した。結局、べつの委員の反駁があってこのケースでは編入が認められたが、非宗教的な動機にもとづく兵役拒否者の代替役編入は決して安定的なものではない。*31

大きな文脈でみたとき、これはある種の「逆行」の流れをあらわしているといえる。すでにみてきたように、兵役拒否運動はその展開とともに「兵役拒否」の言語を多様化させ、そのなかで拒否の動機も多様なものになった。しかし、代替服務の審査の現場で起こっているのは、特定の宗教的な集団に属する人びとだけに「良心」を認め、その範囲に制限をかけようとする動きである。

おわりに

以上のように、韓国における兵役拒否の歴史から、兵役拒否運動の展開とその過程で交わされた議論、そして現在直面している課題にいたるまで整理してきた。こうしてみれば、兵役拒否という行為が実に多様な実践と議論を韓国社会にもたらし、変化のダイナミズムを呼び起こしたことがわかる。このダイナミズムこそ、イ・ヨンソクが追求する「平和」でもある。普通、平和と聞いて想起されるのは、争いなき平穏な状態といったイメージだろう。しかし、かれの「平和」概念はこれとはちがっている。かれによれば、価値としての「平和」とは、固定的で普遍的なものではなく、各自の位置性によっ

＊31　以上については、白承徳（ペク・スンドク）「兵役拒否審査とセクシュアリティの私事化――韓国における代替役編入審査を中心に」森田和樹訳、『同志社社会学研究』第二七号、二〇二三年を参照せよ。

て多様な解釈が生まれ、それが衝突し論争を呼び起こす「一種の戦場」である。[*32] こうした戦闘的かつ動態的な「平和」概念は、社会のなかに張りめぐらされた権力・支配関係を明るみにだし、既存の社会関係に緊張をもたらす。本書はその見事なドキュメントにもなっている。

ここでは紹介できなかったが、「戦争なき世界」の活動家や兵役拒否者、その後援者たちは近年、気候危機と軍事主義と女性の交差性の問題や動物の権利と戦争・軍事主義の関係性、ヴィーガニズムなどについてさまざまな議論をつくりだしている。くしくもロシア・ウクライナ戦争の勃発によって「反戦」のアクチュアリティが増しつつある現在、本書がその議論の土台になることを願う。

謝辞

まず、本書の翻訳を許諾していただき、日本語版序文まで書いてもらった著者のイ・ヨンソクさん、そして原著には掲載されてない写真の使用を快諾していただいた「戦争なき世界」の活動家の方々に感謝したい。

「敗戦後史研究会」のメンバーには、本書の内容に関して議論する機会を与えてもらった。そのときの発表とコメントが本書の解説を書くにあたって指針となった。韓国での長期滞在が予定以上につづくなか、本書の訳注・解説を作成するための参考文献を大量に韓国まで届ける労をとっていただいた金由地氏にも感謝する。

また、本書は韓国文学翻訳院の翻訳出版支援を受けている。本書の出版に助力してくださった韓国文学翻訳院にも感謝する。

そして、最後に、ぶしつけな提案にもかかわらず、本書の意義をすぐに理解してくださり、出版を快諾していただいた以文社の前瀬宗祐さんに深く感謝したい。社会運動の新たな地平を開きたいという前瀬さんの熱い思いがなければ、本書の出版は難しかったにちがいない。本書がその一助となることを願っている。

＊32　イ・ヨンソク『平和は初めてでして』パルガンソグム、二〇二一年、一七頁

や

ら

は

ま

か

人名索引

装幀　川邉雄
装画（カバー・表紙・扉）　長谷若菜

著者紹介

イ・ヨンソク（이용석）

1980年生まれ．韓国の兵役拒否者．平和運動団体「戦争なき世界」のアクティビスト．著書に『平和は初めてでして』（パルガンソグム，2021年），論考に「兵役拒否運動がつくりだした小さな隙間」（『非正規労働』第129号，2018年），「兵役拒否運動――いかなる位置から，いかなる平和を語るべきか」（キム・ガナム他『難民，難民化する生』カルムニ，2020年）など多数．

訳者紹介

森田和樹（もりた かずき）

1994年生まれ．同志社大学大学院社会学研究科博士後期課程所属．専攻は歴史社会学，朝鮮現代史．論文に「1950年代の韓国における〈兵役忌避者〉と日本」（『同時代史研究』第14号，2021年），「1950年代における韓国軍脱走兵の動態とその諸相」（『歴史問題研究』第49号，2022年）．

訳書にデヴィッド・グレーバー『ブルシット・ジョブ――クソどうでもいい仕事の理論』（共訳，岩波書店，2020年）がある．

兵役拒否の問い

――韓国における反戦平和運動の経験と思索

2023年9月20日　第1刷発行

著　者　イ・ヨンソク

訳　者　森　田　和　樹

発行者　前　瀬　宗　祐

発行所　以　文　社

〒101-0051 東京都千代田区神田神保町2-12

TEL 03-6272-6536　　FAX 03-6272-6538

印刷・製本：中央精版印刷

ISBN978-4-7531-0379-9